크리스퍼 유전자 가위는
축복의 도구일까?

10대 이슈톡 ❷

크리스퍼 유전자 가위는 축복의 도구일까?

김정미 양혁준 공저

글라이더

들어가며

얼마 전 근무하는 지역의 기술·가정 선생님들이 모인 단톡방에 생명기술 수업에 도움이 되는 동영상이 하나 올라왔습니다. 그 동영상은 TV 교양 프로그램 〈차이나는 클라스〉에서 방영한 유전자 가위 강의였습니다. 뒤이어 단톡방에서는 생명기술 부분이 너무 어려워서 어떻게 수업을 해야할지 모르겠다는 하소연이 나왔습니다. 제가 6, 7년 전에 겪었듯이 후배 선생님들도 이 분야를 힘들어하고 있었던 거죠. 현재 학교 규모가 작으면 전공에 상관없이 기술·가정을 모두 가르쳐야 하는데요, 제가 중학교에 근무했을 때도 마찬가지였습니다. 그래서 생명기술 부분의 수업은 늘 자신이 없었지요. 그럼에도 불구하고 수업이 끝나면 학생들은

'진짜 사람을 복제할 수는 있나요?', '유전자 조작은 어떻게 이루어지나요?' 등 질문을 계속 했습니다. 선생님 설명이 너무 어려워서 무슨 말인지 이해가 되지 않는다면서요. 부끄럽게도 유전자 부분은 저도 학교에서 배운 적이 없었거든요.

학생들의 질문에 답을 해주기 위해 유전자에 관한 책을 읽고 공부했지요. 그러다 교과서에 아직 나오지 않은 신기술인 '크리스퍼 유전자 가위 기술'을 알게 되었습니다. 다른 생명기술도 중요하지만 '크리스퍼 유전자 가위 기술'은 꼭 알아야 한다고 생각했지요. 그때부터 유전자 가위 기술과 관련된 새로운 책이 나오면 구입해서 공부하게 되었어요. 이제는 거의 이론 박사가 된 것 같은 기분이 듭니다.

그럼에도 책을 쓰기에는 부족한 부분이 있었습니다. 유전자를 현미경으로 관찰해 본 적이 없거든요. 고작해야 바나나 DNA 추출실험을 해본 경험뿐이었어요. 바버라 매클린톡이라는 여성 과학자는 30년 이상을 실험실에 박혀 현미경으로 옥수수 유전자만 연구했다고 합니다. 한 분야를 깊이 연구하는 과학자가 글을 써야 경험과 더불어 지식을 잘 전달할 수 있을 것입니다. 유전자 가위 관련 집필자들은 거의 대학이나 연구소에서 생명과학을 연구하는 분들이었습니다. 심지어 《크리스퍼가 온다》라는 책은 크리스퍼 유전자 가위를 개발하여 2020년에 노벨화학상을 받은 제니퍼 다우드나와 그의 동료 새뮤얼 스턴버그가 썼지요.

어느새 크리스퍼 유전자 가위 기술이 교과서에 실리게 되었습니다. 후배 교사들이 참고하거나 학생들의 궁금증을 해결해 줄, 조금은 쉬운 책이 있으면 좋을 것 같다는 생각을 했습니다. 다행히 생명과학을 전공한 양혁준 선생님과 뜻이 맞았습니다. 양혁준 선생님은 제가 이해한 대로 풀어 쓴 부분에 오류가 없는지 내용적인 부분에서 원고를 검토해 주셨고 많은 분량의 전문적인 부분을 집필하셨습니다.

사람은 태어날 때부터(어쩌면 태어나기도 전이겠죠?) 무엇과도 바꿀 수 없는 귀중한 물건을 아버지, 어머니로부터 각각 절반씩 받았습니다. 이 유산은 남들과 차별화되는 단 하나뿐인 아주 값비싸고 귀중한 물건입니다. 현금처럼 입출금도 할 수 없고, 죽을 때까지 주어진 형태와 용도로만 사용할 수 있습니다. 지금으로부터 약 250만 년 전 최초의 인류가 지구 역사에 발을 내디딘 이래로, 가끔 혼자 말썽을 일으키긴 해도 한 번도 인위적으로 변질되지 않고 본질을 간직한 채 말이죠. 이 '유산'은 무엇일까요? 바로 우리 세포 속에 존재하는 DNA입니다.

우리 몸은 수조 개의 세포로 구성되어 있고, 세포의 가장 중요한 부분은 핵입니다. 세포핵이란 이름에서 핵심적인 역할을 한다는 느낌이 풍기지요. 세포 속 핵에는 부모로부터 물려받은 유전 물질이 들어 있는데요, 바로 그 유전 물질이 DNA입니다. 유전 정보는 DNA 속에 담겨 있고, 이 DNA는 자손에게 전달됩니다. 탈모, 쌍꺼풀의 유무, 보조개의 유무처럼 DNA는 우리의 생김새, 즉 '형질'을 결정합니다. 만약 이 '형질'을 결정하는 DNA를 취향에 딱 맞게 자르고 붙이는 가위가 있다면 얼마나 좋을까요?

2012년에 와서 유전자 편집 도구인 크리스퍼 유전자 가위가 개발되었습니다. 그동안 연구자들은 인간의 DNA에 담긴 2만여 개의 유전자들의 생명 정보를 모두 해독했고, 크리스퍼 유전자 가위로 4가지 문자(A, G, C, T)로 이루어진 32억 개의 염기서열 중 한 곳을 정확하게 찾아서 바꿀 수 있게 되었습니다. 이는 지구상에서 가장 오래된 전쟁의 역사를 자랑하는 바이러스와 면역 시스템의 전투를 통해 배운 기술입니다.

크리스퍼 유전자 가위를 물리적인 가위로 생각하고 있는 학생들도 있을 겁니다. 이 유전자 가위라는 도구는 단백질입니다. 이는 표적 DNA가 있는 곳까지 데려다주는 가이드 RNA와 안내한 그 부분을 잘라내는 카스나인(Cas9)이라는 단백질로 만든 분자 효소 가위입니다. 간단하고 유연하게, 저렴한 비용으로 이용할 수 있는 크리스퍼의 등장은 전 세계 과학자에게 희망의 불씨처럼 번졌습니다. 최근에는 성능이 더 우수한 유전자 가위들이 개발되고 있습니다.

크리스퍼 유전자 가위가 생명과학에서 가장 뜨거운 이슈인 만큼, 학생들도 이에 관한 책이나 기사를 어떠한 이유에서든 많이 접합니다. 하지만 막상 설명과 이해는 어렵습니다. 크리스퍼를 알기 위해 선행되어야 할 지식이 너무나 많기 때문이죠. 이 책은 그런 학생들을 위해 만들어졌습니다.

아직도 코로나19 바이러스는 새로운 숙주의 기도에서 개체 수를 늘리기 위해 공기를 타고 세계 곳곳을 누비고 있습니다. 크리스퍼는 세균의 가장 오래된 바이러스 면역 시스템입니다. 하지만 사람에게는 코로나19 바이러스를 없애는 크리스퍼 기능이 없습니다. 코로나19가 특이한 구조의 RNA 바이러스라고 알려진 후 크리스퍼를 연구하는 과학자들이 분명 코로나19 백신을 만들 수 있을 거라는 확신이 들었습니다. 언제쯤 미국으로부터 코로나 백신을 개발했다는 보도가 나올까 노심초사하는 마음으로 신문을 읽었습니다. 크리스퍼 유전자 가위 기술로 코로나19도 극복할 수 있는 백신과 치료제가 개발되기를 기다렸습니다. 크리스퍼 유전자 가위 도구를 개발한 다우드나의 연구실도 문을 닫게 되는 상황까지 왔다지요. 다우드나는 연구소의 동료들과 코로나 검사 역량이 부족한 문제를 해결하기 위해 회사를 코로나19 검사 센터로 전환했습니다. 그리고 크리스퍼를 이용하여 5분 만에 검사가 가능한 신속한 진단 도구를 개발하였습니다. 크리스퍼의 또 다른 연구자인 장평 교수는 가장 먼저 크리스퍼 진단법으로 코로나19 진단도구를 개발하여 2020년 5월에 FDA 긴급 승인을 받았습니다. 가정에서 10달러도 안 되는 가격에 한 시간 정도면 검사 결과를 확인할 수 있게 되었지요. 지금 각 나라의 생명과학 기업에서는 앞다투어 코로나19 백신과 치료제 개발에 박차를 가하고 있습니다. 인체에 적용하기까지 많은 임상시험을 거쳐야 하기 때문에 다소 긴 시간이 필요하겠지만 곧 개발이 되어 코로나19 바이러스로 인한 불편이 사라지기를 기대합니다. 또한 미래에는 크리스퍼 유전자 가위 기반 질병 진단이 보편화될 것이라고 전망하고 있습니다.

크리스퍼 유전자 가위 기술, 긍정적인 점만 있을까요?

2018년 허젠쿠이라는 중국인 과학자가 유전자를 편집한 크리스퍼 아기를 탄생시켰다는 발표를 했습니다. 크리스퍼 연구자들뿐만 아니라 전 세계 사람들이 모두 깜짝 놀랐죠. 인간의 수정란 편집은 어떤 나라도 허용되지 않습니다. 크리스퍼 유전자 가위를 개발한 다우드나는 윤리적인 이유로 인체 배아의 편집을 금지해야 한다며 전 세계 연구자들을 설득했습니다. 러시아 푸틴 대통

령은 한 연설에서 다음과 같이 경고했습니다.

"인류는 신만이 손댈 수 있다고 믿었던 유전 암호를 조작하는 능력을 손에 쥐게 되었다. 특정한 형질을 가진 인간을 만드는 상상을 할 수 있을 것이다. 천재 수학자를 태어나게 할 수도 있고, 훌륭한 음악가나 군인을 창조할 수도 있다. 군인이라면 두려움도 동정심도 없이, 자비도 없고 고통마저 느끼지 않고 싸우도록 만들 수 있다. 그러나 우리가 무엇을 하든 우리의 행동에 바탕이 되는 윤리적, 도덕적 기반을 결코 잊어서는 안 된다. 어떤 기술도 사람들에게 더 이로운 일을 해야 하며 인류를 파괴해서는 안 된다."

물론 크리스퍼 유전자 가위 기술이 예상하지 못한 미래를 불러올 수도 있습니다. 하지만 이 책에서는 유전자 가위 기술이 가져다줄 희망을 이야기하고 싶었습니다. 유전자 가위 기술은 특정 유전자의 기능과 역할을 밝히는 기초 연구에 크게 기여하고 있습니다. 멸종 동물의 복원, 기후 변화에 강력한 식물, 질병에 강한 농작물, 인간의 유전적인 질병에 대한 근본적인 유전자 치료, 암과 같은 악성 질병, 코로나를 비롯한 바이러스 백신 등에 적용할 수 있는 기술들의 든든한 버팀목이 되어주고 있습니다. 유전자 가위 기술은 이미 우리의 삶에 엄청난 변화를 가져오는 중입

니다. 크리스퍼 유전자 가위 기술의 빛과 그림자를 제대로 알고
마주하게 될 때, 우리의 삶은 더 건강하고 풍요롭게 바뀌게 될 것
입니다.

2021년 10월
김정미, 양혁준

차례

크리스퍼 만능 가위

1장

1
노벨 화학상으로 인정받은
신의 한 수

　인간은 바이러스, 그리고 미생물과 공존하면서도 때로는 이들을 유리하게 이용하며 살아왔습니다. 그러나 지금 세계는 2019년 12월에 발생하여 2020년, 2021년을 강타하고 있는 코로나19 바이러스와 치열한 전쟁 중입니다. 이 바이러스를 정복하기 위해 각 나라의 연구자들은 진단 키트를 만들었으며, 백신과 치료제 개발에 역량을 모으고 있습니다. 이런 연구의 중심에 있는 크리스퍼 유전자 가위 기술이 코로나 19를 잘라서 없앨 수 있으리라 확신합니다.

달 탐사선보다 더 대단한 연구

2012년 미국의 생화학자 제니퍼 다우드나(Jennifer A. Doudna)와 프랑스의 미생물학자 에마뉘엘 샤르팡티에(Emmanuelle Charpentier)는 전 세계 수많은 과학자들의 연구를 기반으로 혁신이라 불리는 크리스퍼 유전자 가위 기술을 개발했습니다. 세균들이 바이러스의 방어를 위해 만든 '크리스퍼 카스 시스템'이라는 면역 체계를 모방한 기술이지요. 그들은 2012년 〈네이처〉에 논문을 제출했습니다. 8년이란 세월이 흐른 2020년, 스웨덴의 왕립과학원 노벨위원회는 '샤르팡티에와 다우드나가 유전 기술의 가장 유의미한 도구

에마뉘엘 샤르팡티에

제니퍼 다우드나

중 하나인 크리스퍼 카스 나인(CRISPR-Cas9) 유전자 가위를 발견했고, 이 유전자 가위로 동물, 식물, 미생물의 DNA를 매우 정교하게 바꿀 수 있다'라며 노벨 화학상을 수여했습니다. 해마다 과

학계에서는 크리스퍼 연구자가 노벨상을 받을 것이라고 점쳤습니다. 비록 예상보다 수상은 늦어졌지만 〈워싱턴 포스트〉에 2015년의 획기적인 기술로 선정되는 등 크고 작은 상을 받으면서 크리스퍼 유전자 가위 기술을 인정받았어요. 영국의 종양학자이자 2019년에 노벨 생리의학상을 받은 윌리엄 케일린(William Kaelin)은 〈워싱턴 포스트〉를 통해 '암 치료의 바탕이 될 기초 연구가 온 세상을 시끌벅적하게 만든 달 탐사선보다 대단한 일'이라고 칭송하기도 했습니다.

크리스퍼 유전자 가위 기술은 얼마나 위력적일까요? 모든 생물체의 DNA에는 생명체들의 고유한 유전 정보가 들어 있습니다. 생명체들은 번식을 통해 후손들에게 DNA를 전달하지요. 이 DNA는 아데닌(adenine), 구아닌(guanine), 사이토신(cytosine), 타이민(thymine)이라는 네 가지 염기를 이용하여 유전 정보를 저장합니다. 이 염기의 배열에 따라 생물마다 다른 특성과 형태를 지니게 되는 것이죠. 크리스퍼 유전자 가위 기술은 이 염기서열들을 빠르고 정확하게 편집할 수 있습니다. 신의 영역으로 베일에 가려졌던 염기서열을 인간이 마음대로 바꿀 수 있는 마법의 가위가 나온 것이죠. 이제 유전자를 마음껏 편집할 수 있는 크리스퍼 유전자 가위 기술을 개발했으니, 인간도 신이 될 수 있을까요?

유전자 편집 시대가 열린다

크리스퍼 이전에도 유전자 가위 기술은 있었지요. 그러나 만들기가 까다롭고 비용이 엄청나게 든다고 합니다. 크리스퍼 유전자 가위 기술은 제조 비용이 적게 들고 사용 방법도 쉽고, 원한다면 누구나 쉽게 이용할 수 있다고 해요. 과히 이 분야 연구자들이 열광할 만하죠. 크리스퍼 기술을 마중물로 하여 새로운 연구가 세계 곳곳에서 발 빠르게 진행되고 있습니다.

크리스퍼가 가장 반가운 사람은 어떤 사람들일까요? 부모에게 질병을 물려받아 병마와 힘겹게 싸우고 있는 환자들일 겁니다. 유전 질병이 발현되는 어떤 염기를 크리스퍼로 없애기만 하면 병이 나을 수 있을 거라는 희망을 갖게 된 거죠. 이처럼 크리스퍼가 의료 분야에 적용되면 질병은 물론이고, 인간의 수명을 영원히 연장할 수 있을지도 모릅니다. 크리스퍼 유전자 가위를 영리하게 사용한다면 질병의 고통에서 벗어나는 일도, 식량 문제를 해결하는 일도 더 이상 꿈이 아니라 현실이 될 것입니다.

그러나 지금까지 발명된 기술 중에서 완벽한 기술은 없습니다. 한 분야에서 이로우면 다른 면에서 부정적인 영향을 가져올 수 있죠. 연구자들은 크리스퍼 유전자 가위 기술의 편집 효율이 100%가 되어야 한다고 말합니다. 생명체의 유전자를 인위적으로 바꾸면 어떤 변화를 가져올지, 아무도 모르기 때문이죠.

　우리는 바야흐로 유전자 편집 시대에 살고 있습니다. 크리스퍼 유전자 가위 기술의 혜택이 널리 퍼질 수 있도록 생명과학에 관심을 가지고 꿈을 키워 간다면, 바로 여러분이 인류에게 희망을 안겨줄 첨단 과학자가 될 수 있습니다.

2
자연의 법칙에 도전장을
던진 크리스퍼

진화도 되돌린다?

다윈의 진화론에 의하면 모든 생물체들은 지난 수십억 년 동안 생존 경쟁과 생식에 유리한 방향으로 진화해 오늘에 이르렀지요. 눈에 보이지 않는 작은 변화들이 여러 세대에 거쳐 진행되면서, 생명체의 유전자는 조금씩 진화해 왔습니다. 진화는 곧 생존 경쟁에서 승리한 결과물이었습니다.

그런데 어쩌나요? 크리스퍼는 다윈이 주장한 진화의 법칙이 적용되지 않는군요. 크리스퍼를 이용하여 인간의 필요에 따라 유전자를 뜯어고칠 수 있으니까요. 다시 말하면 크리스퍼로 생명의 설계도인 유전자를 잘라내기도 하고, 잘라낸 자리에 다른 유전자를 끼워 넣어 다른 종으로 만들기까지 하니까요. 종의 진화를 빠르게 하고 새로운 생명체를 창조하는 것이죠. 예를 들어 뿔이 없는 소를 만들고, 뿔을 가진 말을 만들 수 있지요. 다우드나에 따르면 캘리포니아대학교 버클리 캠퍼스 과학자들은 크리스퍼로 아가미가 엉뚱한 곳에 있고, 턱은 더듬이로 변하고, 걷는 다리를 가진 갑각류를 만들었다고 합니다. 지금 세계 곳곳의 크리스퍼 연구자들은 새로운 동물들을 만들기에 여념이 없다고 해요.

또한 진화의 실마리를 찾아낼 수 있습니다.

물고기와 사람 중 어떤 생물이 나중에 등장했을까요? 또 물고기의 지느러미와 우리의 팔 다리는 과연 닮았을까요? 1996년 프랑스의 과학자들은 다리의 발생에 필수적인 유전자를 발견하였고, 이 유전자의 기능을 마비시키자 생쥐의 다리 부위에는 대신 긴 뼈가 생성되었습니다. 하지만 이것만으로는 물고기와 사람의 유연관계(생물들이 분류학적으로 얼마나 멀고 가까운지를 나타내는 관계)를 알 수 없었습니다.

하지만 크리스퍼 유전자 가위 기술의 등장으로 이 둘 사이의 연결고리를 찾아냈습니다. 크리스퍼를 활용하여 인간의 손가락과 발가락 등을 형성하는 유전자를 바탕으로 열대어인 제브라피쉬(Zebrafish)가 갖고 있는 동일 유전자 기능을 비활성화시켰죠.

그 결과 일부 제브라피쉬의 지느러미가 마치 인간의 팔다리 뼈 구조처럼 변형되는 결과를 관찰했습니다. 세포 수준에서 지느러미 살과 손가락, 발가락이 어느 정도 일치함을 발견한 것이죠. 지느러미와 사지의 발생 과정이 거의 동일한 법칙을 따른다는 것을 크리스퍼가 밝혀낸 것입니다.

옥스퍼드 대학의 생명 윤리학자인 줄리안 사블레스쿠(Julian Sa-vulescu)는 "그동안의 진화가 생존을 위한 유전자들의 역사였다면, 이제는 인간이 스스로의 운명을 지배하는 새로운 국면에 들어서고 있으며, 진화를 조절하는 힘은 자연에서 과학으로 이양되고 있다."고 했어요. 이는 인간이 진화를 조절하게 되었다는 뜻이에요. 또 장 로스탕(Jean Rostand)은 "우리가 인간의 자질을 갖추기도 전에, 과학은 우리를 신으로 만들었다."고도 했습니다.

그러나 누군가 크리스퍼를 극단적인 방식으로 사용하면 어떻게 될까요? 세상에서 가장 무서운 진화의 도구가 되지 않을까요?

토론거리_1

다음 대화를 읽고 과학자의 입장과 염라대왕의 입장이 되어 토론해봅시다.

염라대왕: 너의 직업이 무엇이냐?

과학자: 저는 평생 세포와 유전자만 연구해온 생명 과학자입니다.

염라대왕: 너의 죄목을 아느냐?

과학자: 잘 모릅니다.

염라대왕: 잘 듣거라. 너는 신의 위치를 노린 죄인이다. 예부터 불변의 법칙이 있다. 생명이란 자연법칙에 의해 만들어진다. 그런데 너는 마음대로 개구리를 만들었다. 이제는 포유동물 고양이까지 만들어내다니…. 사람까지 복제할 생각이었더냐?

과학자: 저는 수정란에는 손도 대지 않았습니다. 체세포를 복제하여 동물을 만들었는데 그것도 죄가 됩니까?

염라대왕: 흠, 어쨌든 생명을 만들어내지 않았느냐?

과학자: 제가 연구한 기술들은 인간을 유전 질병에서 구했고, 식량 생산에도 이바지했습니다.

염라대왕: 무엄하다! 너는 신의 영역에 도전했으니 지옥행이다!

과학자: 억울합니다!

선택	과학자	염라대왕
입장		
이유		

3
호모 크리스퍼라
칭하노라

　요즘 각종 미디어에서는 호모 사피엔스(Homo sapience, 지혜가 있는 사람)를 패러디한 신조어들을 많이 사용하고 있어요. 호모 컨버전스(Homo convergence, 융합형 인간), 호모 크리에이티브(Homo creative, 창의적인 인간), 호모 아카데미쿠스(Homo academicus, 학문하는 사람), 호모 엠파티쿠스(Homo empathicus, 공감하는 인간), 호모 폴리티쿠스(Homo politicus, 정치적인 인간), 호모 노마드(Homo nomad, 유목하는 인간), 호모 이코노미쿠스(Homo economicus, 경제적 인간) 등으로 인간의 독특한 특성을 살려 단어를 만들었죠.

유전자를 편집하는 호모 크리스퍼

크리스퍼는 어떤 기술과 비교해도 가히 혁명적이라고 전 세계가 떠들썩합니다. 과학계에서는 '크리스퍼 혁명'이라고 하죠. 크리스퍼처럼 단시간에 널리 활용된 신기술이 없음을 뜻합니다. 누군가는 크리스퍼를 생명공학계의 신석기 혁명에 비유합니다. 인간이 원하는 대로 돌을 갈아 도구를 만들면서 농업이 시작된 것처럼, 크리스퍼 가위가 생명공학 분야에 커다란 변혁을 일으킬 것이라는 뜻이지요.

그렇다면 '유전자를 편집하는 인간'을 어떻게 부를까요? '호모 크리스퍼(Homo CRISPR)'? 아니면 크리스퍼 유전자 가위 기술이 가져다줄 새로운 시대를 기대하며 '크리스퍼 사피엔스(CRISPR sapience)'? 아무래도 '크리스퍼 사피엔스'는 '편집된 인간'이란 뜻이 강한 것 같습니다. 유전자의 일부를 건드려서 새롭게 만들어진 인간, 즉 진화된 인종처럼 느껴져요.

그럼 '유전자를 편집하는 인간'은 어떤 신조어가 어울릴까요? 호모 사피엔스를 패러디한 신조어로 '호모 크리스퍼'라고 이름 짓자고요? 좋아요. 지금부터 현대의 인간은 유전자를 편집하는 능력을 지닌 '호모 크리스퍼'라고 부릅시다. 물론 진화에 따른 학명은 사람들이 마음대로 붙일 수 없어요. 학명은 인류의 기원이 바뀔 만큼 획기적인 변화가 있을 경우에 붙입니다. 즉 인류가 급격하게 진화하는 현상을 표현할 때 '호모-○○○'(○○인간)라고 만들어 명명합니다.

대화의 수준을 끌어올리는 똑똑이 아이템 1

인간과 관련된 신조어를 알아봅시다.

호모 파베르(homo faber): 도구적 존재

호모 루덴스(homo ludens): 유희적 존재

호모 쿵푸스(homo kungfus): 공부하는 존재

호모 부커스/북커스(homo bookus): 책을 읽는 존재

호모 에로스(homo eros): 사랑/연애하는 존재

호모 코뮤니타스(homo communitus): 돈을 사용하는 존재

호모 로퀜스(homo loquens): 언어를 사용하는 존재

호모 폴리티쿠스(homo politicus): 정치적 인간

호모 아르텍스(homo artex): 예술을 하는 존재

호모 라보란스(homo laborans): 일하는 인간

호모 비블로스(homo biblos): 기록의 인간

호모 아카데미쿠스(homo academicus): 학문적 인간

호모 에스테티쿠스(homo aestheticus): 미학적 인간

호모 콘수무스(homo consumus): 소비하는 존재

호모 쿠페라티부스(homo cooperativus): 협동적 인간

호모 쿨투랄리스(homo culturalis): 문화적 인간, 제도적 인간

호모 크레아투라(homo creatura): 창의적 인간

호모 데지그난스(homo designans): 디자인하는 존재

호모 에코노미쿠스(homo economicus): 경제적 인간

호모 에스페란스(homo esperans): 희망하는 인간

호모 에티쿠스(homo ethicus): 윤리적 인간

호모 엠파티쿠스(homo empathicus): 공감하는 존재

호모 나랜스(homo narrans): 이야기하는 사람

호모 네간스(homo negans): 예 또는 아니오라고 말할 수 있는 존재

호모 레시프로쿠스(homo reciprocus): 호혜적 인간, 상호 의존하는
인간

호모 렐리기우스(homo religius): 종교적 인간

호모 스피리투스(homo spiritus): 영적 인간

호모 소키에스(homo socies): 사회적 인간

호모 심비우스(homo symbious): 공생인(共生人), 더불어 사는 인간

호모 주리디쿠스(homo juridicus): 정의로운 인간

호모 소시올로지쿠스(homo sociologicus): 사회적 동물

호모 레지스탕스(homo resistance): 저항하는 인간

호모 테크니쿠스(homo technicus): 기술을 사용하는 존재

호모 서치쿠스(homo searchcus): 검색형 인간

호모 텔레포니쿠스(homo telephonicus): 전화하는 인간, 통신하는
인간

호모 모빌리쿠스(homo mobilicus): 휴대폰을 생활화한 인류

4
생명체를
레고처럼 조립한다고?

생명체를 만들 수 있으면 신이 될까요? 합성 생물체는 인간이 DNA를 이어 붙여서 만든 생명체입니다. 생명체를 만드는 일이 쉽다고요? 먼저 DNA를 정밀 분석해서 생물 부품이 되는 유전자 블록을 만들어둡니다. 그리고 원하는 생명체를 설계한 후에 이 블록들을 목적에 맞게 조립하면 생명체가 만들어집니다.

어릴 때 레고 장난감을 가지고 놀았던 기억이 있지요? 벽돌(brick)을 쌓듯 플라스틱 조각을 쌓아 올려 다양한 모양을 만들지요. 레고의 장난감은 20세기에 가장 성공한 디자인 아이디어로 꼽힙니다. 디지털 시대가 도래하면서 대표 제품인 블록 쌓기 장난감뿐만 아니라 영화와 비디오 게임까지 제작하고 있지요. 레고의 창업자인 올레 키르크 크리스티안센(Ole Kirk Kristiansen)은 "간단한 것이든 복잡한 것이든 모든 장난감은 미완성인 채로 판매됩니다. 장난감에 생명을 불어넣으려면 아이의 손길과 상상력이 닿아야 합니다."라고 말했지요.

합성 생물체 만들기 경연대회도 열린다고?

'합성생물학'이라는 용어는 인간 게놈 프로젝트를 주도했던 크레이그 벤터(John Craig Venter) 박사가 처음 만들어냈습니다. 크레이그 벤터 박사는 이미 해독된 유전자 정보를 조합하여 새로운 생명체를 만들 수 있다고 확신한 거죠. 그는 자연계에 존재하지 않는 인공 박테리아를 만들었습니다. 2016년에는 유전자 473개, 염기쌍 53만 1,000개를 가진 인공 생명체를 만들었습니다. A(아데닌) G(구아닌) C(사이토신) T(타이민) 4종류의 염기를 조합해서 DNA 블록을 만들고, 이것을 이어 붙여 여러 개의 큰 조각을 만듭니다. 이 DNA 결합체를 또 박테리아와 합성하여 인공 생명체를 만들었습니다.

블록으로 로봇을 만든다고 생각해봅시다. 먼저 블록 조각을 준비하여 신체의 각 부분을 만들고, 각 부분을 연결하여 로봇을 완성하겠지요. 인공 생명체를 만드는 과정도 이와 같습니다. 최종적으로 이 로봇이 인공지능을 가지게 만드는 셈이지요. 이 생명체의 이름은 Syn 3.0입니다. 보통 박테리아는 300만에서 400만 개의 염기쌍을 가지고 있습니다. 이 생명체는 박테리아의 6분의 1 정도이며 현재까지 존재하는 생명체 중 가장 유전자 수가 적은 생명체입니다.

매년 매사추세츠 공과대학교(MIT)에서는 국제 유전자 조작 기계(iGEM, International Genetically Engineered Machine)라고 부르는 경연대회가 열립니다. 아이젬은 2003년 미국 매사추세츠공과대학교에서 치러진 작은 행사에서 지금은 매년 수천 명 이상이 참여하는 국제적인 행사로 성장했습니다. 이 행사에는 고등학생을 포함한 여러 학생들이 참여해 누가 가장 놀라운 유전자 변형 생명체를 만들었는지를 겨룹니다. 우리나라 학생들도 해마다 참여하고 있습니다. 이 경연대회에서 만들어진 유전자 부품들은 모두 표준화되어 '생명체 부품 목록'에 추가되어 누구나 무료로 사용할 수 있습니다. 일종의 공개된 생명체 블록인 셈이죠.

인공 생명체의 활용 분야는 무궁무진합니다. 전자회로를 설계해 반도체를 만들 듯 '유전자 회로'를 설계할 수 있기 때문인데요. 생명 유지에 필요한 최소 기관만 가진 합성 세포를 만들고 여기에 유전자를 추가해 환경에 따라 원하는 유전자만 발현시키는 '스마트 식물'도 나올 수 있어요. 향수와 차세대 항생제뿐 아니라 자신의 생명 유지에 최소한의 에너지만 사용하면서 오염물질을 먹는 생물체, 에너지 자원을 생산하는 생명체도 설계할 수 있습니다. 여러분은 어떤 생물체를 만들고 싶은가요?

하지만 윤리적인 논란도 있지요. 인공 생명체가 자연으로 퍼져나가면 생태계를 파괴하거나 다른 생명체와 결합해 치명적인 병균이 될 수도 있습니다. 또 테러리스트의 손에 넘어가 생물학 병기로 악용될 수도 있습니다. 벤터 박사는 이런 윤리 논란을 피하려고 인공 생명체 대신 '인공 세포'를 합성했다고 주장했지요. 벤터는 생명체를 창조하여 신이 되려고 했을까요? 아닙니다. 그는 지구의 생명체가 만들어지는 과정을 이해하고 생명의 본질을 밝히고 싶다고 했습니다. 숭고한 과학자의 도전이었던 것이죠.

토론거리_2

여러분이 합성생물학자라면 어떤 생물체를 만들고 싶나요? 그 이유를 이야기해 봅시다.

5
크리스퍼 베이비
(유전자를 편집한 자녀를 출산해도 될까요?)

지난 수십 년 동안 소설과 가설을 통해 사람의 유전자를 조작하는 것은 아주 위험하고 비도덕적인 일이라는 경고가 끊이지 않았는데요. 어느 날 크리스퍼 쌍둥이 아기가 태어나면서 이 위험한 상상도 현실이 되고 말았습니다. 중국의 생명공학자 허젠쿠이(賀建奎)가 인간의 생식세포를 편집한 배아를 만들어 의학과 윤리학이 넘지 말라고 정해놓은 선을 넘었습니다. 이른바 유전자 편집 아기를 탄생시킨 것이죠.

허젠쿠이는 왜 유전자 편집 아기를 만들었을까?

허젠쿠이는 "세상은 배아 유전자 편집의 단계로 넘어갔습니다. 어딘가에서 누군가는 하게 될 일입니다. 제가 아니어도 반드시 누군가가 할 것입니다."라고 자신의 행동을 합리화하며, 국제적인 논란의 중심에 섰습니다. 그는 크리스퍼를 이용하여 인간 배아의 DNA에서 인간면역결핍바이러스(HIV)가 붙을 수 있는 유전자인 'CCR5'를 제거했다고 주장했습니다. CCR5 유전자가 제거된 배아를 여성의 자궁에 착상시켜 자라게 했고, 그 후 루루(Lulu)와 나나(Nana)라는 두 여자아이가 태어났습니다. 허젠쿠이는 이 아기들은 인간면역결핍바이러스(HIV)에 감염되지 않을 것이며, 오히려 지능도 높아졌다고 주장했습니다. 그러면서 CCR5 유전자를 편집한 아기를 태어나게 한 것은 자신의 윤리적 기준에 부합한다고 했지요. 중국에서는 HIV 감염이 심각한 사회적 문제가 되었기 때문입니다.

유전자 편집 아기는 왜 문제가 될까?

《유전자 임팩트》의 저자 케빈 데이비스(Kevin Davies)는 '허젠쿠이가 저지른 위반 행위의 범위와 규모를 가장 잘 정리한 사람은 과학 저술가 에드 용(Ed Yong)'이라고 했습니다. 그는 〈애틀랜틱〉에 쓴 기사에 허젠쿠이가 여러 분야에서 비난받아 마땅한 확고한 세부 증거 15가지를 제시했습니다.

①허젠쿠이의 연구는 사람들이 갈망하는 수요를 해결하기 위한 연구가 아니었다.

②유전자 편집이 제대로 실행되지 않았다.

③새로 생긴 돌연변이가 앞으로 어떻게 될 것인지 명확히 알 수 없다.

④연구를 위한 사전 동의 절차에 문제가 있었다.

⑤연구를 공개적으로 진행하지 않고 은밀하게 진행했다.

⑥하지만 대외적으로는 번드르르하고 체계적인 홍보 계획을 세웠다.

⑦허젠쿠이의 목적을 아는 사람이 일부 있었지만, 그를 저지하지 못했다.

⑧허젠쿠이는 스스로 밝힌 윤리적 견해와 정반대되는 행위를 했다.

⑨허젠쿠이는 윤리적 조언을 구해놓고 정작 이를 무시했다.

⑩허젠쿠이는 국제사회의 공통 의견에 반하는 행위를 했다.

⑪허젠쿠이의 연구가 선의로 실시됐다고 할 만한 근거는 전

혀 없다.

⑫허젠쿠이는 위험을 무릅쓰고 완강히 밀어붙였다.

⑬과학계는 이번 일을 대충 얼버무렸다.

⑭저명한 유전학자인 조지 처치(George Church)가 허젠쿠이를 감쌌다.

⑮이런 일이 얼마든지 또 일어날 수 있다.

허젠쿠이는 사람들의 질병을 없애기를 희망했으나, 결국 자신이 만든 피조물에 대한 책임을 질 수 없었던 소설 속의 프랑켄슈타인 박사와 같은 신세가 되었습니다. 그는 과학계의 엄청난 비난을 받았고, 중국 당국의 처벌도 피할 수 없었답니다.

위대한 물리학자 스티븐 호킹은 "우리의 DNA를 우리가 직접 바꾸고 향상시킬 수 있게 될 것이다."라고 말했습니다. 인류는 이미 유전자 편집 시대에 진입했습니다. 크리스퍼를 이용하여 지능, 기억력, 수명 등의 유전적 형질을 바꾸거나 강화를 하려는 움직임에 늦지 않게 윤리적 제동을 걸어야 할 시점입니다.

대화의 수준을 끌어올리는 똑똑이 아이템 2

　이미 많은 이슈가 된 영화 한 편을 소개합니다.

　이 영화의 시대 배경은 21세기 후반기입니다. 영화 제목인 '가타카(GATTACA)'는 DNA를 구성하는 네 가지 염기인 아데닌, 타이민, 사이토신, 구아닌의 첫 알파벳을 적절하게 연결하여 만든 항공회사 이름입니다.

　영화에서는 남녀의 사랑에 의해 자연적으로 탄생하는 인간을 불완전한 부류라고 칭합니다. 한편 우성 유전자만으로 편집된 인간은 완전한 계급이며 사회에 필요한 부류입니다. 완전하다는 기준은 무엇일까요? 신체적으로 질병 인자가 없고 운동기능이 뛰어난 사람, 지능이 높고 외모가 준수한 사람일까요?

열등한 유전자와 우월한 유전자

　주인공 빈센트는 부모님의 로맨틱한 사랑으로 잉태되고 태어났습니다. 그러나 자주 아프고, 잘 넘어지고, 발육도 늦었습니다. 반면 동생 안톤은 부모가 의사와 상의하여 완벽한 형질을 가진 유전자로 디자인하여 만들었습니다. 안톤은 유전자를 편집한 '맞춤 아기'인 거죠. 안톤은 유전적 질병이나 특정 활동에서 불편한 부분이나 탈모, 폭력성, 알코올 중독과 같이 열등하다고 생각되는 유전자를 가지지 않고 태어났습니다.

영화 속에서는 유전학적으로 우수한 유전 인자를 보유한 사람(편집된 인간)이 사회의 주요 부문을 차지하고 있습니다. 열성의 유전인자를 보유한 사람(자연적 인간)은 하층민의 삶을 살아갑니다. 개인의 노력에 의한 계층 상승은 불가능하고, 계급 간의 사랑도 사실상 불가능합니다.

의지와 노력은 어느 유전자의 형질일까

빈센트는 가타카 항공사에 청소부로 취직하게 됩니다. 그러나 어릴 적 꿈은 우주비행사였죠. 비행사의 꿈을 버리지 못한 빈센트는 DNA 중개인을 통해 신분을 거래하게 됩니다. 자연임신으로 태어나 살아가는 사람들은 자신의 신분을 은폐하기 위해 우수한 유전자를 가진 사람들의 DNA를 얻고 싶어합니다. DNA 중개인은 그 사이에서 이익을 챙기는 신종직업입니다. 중개인은 빈센트에게 유전적 엘리트인 제롬을 소개합니다. 한때 운동선수였던 제롬은 자동차 사고로 다리를 다쳐 불구가 되었습니다. 제롬은 자신의 신분을 빈센트에게 제공하기로 합니다. 빈센트 또한 신분을 속이고 제롬의 인생으로 살아갑니다.

빈센트는 제롬의 신분으로 가타카의 비행사로 들어갑니다. 우주비행사의 꿈을 키워나가는 과정에서 불시에 행해지는 샘플 채취에 대응하기 위한 위기도 아슬아슬하게 넘깁니다. 드디어 빈센트는 첫 비행을 하게 됩니다. 첫 비행을 떠나기 전 제롬은 "나는 네게 몸을 빌려주었지만, 너는 내게 꿈을 빌려주었다"라고 말합니다. 주어진 운명에 도전하고 의지와 노력으로 꿈을 이루어가는 빈센트는 인간의 자유의지는 유전자에 의해 결정되지 않는다는 점을 명확히 보여줍니다.

6
바이오 아티스트
- 에두아르도 카츠

'바이오 아트'란 예술 장르를 들어보았나요? 바이오 아트는 생명체를 다루는 생물학과 예술을 융합한 예술 장르입니다. 생명 기술을 다양하게 쓰기도 하고, 박테리아, 세포, 분자, 식물체, 디엔에이(DNA) 또는 유전자 따위의 생물체를 대상으로 하기도 합니다. 예를 들어 일반 화가는 유화나 수채화 물감을 이용해서 꽃을 그린다면, 바이오 아티스트는 어떤 꽃이 가진 유전자를 편집해서 새로운 꽃을 피워냅니다.

예술의 이름으로 신의 권능을 부리다

어떤 예술 평론가는 바이오 아티스트를 '제2의 신'이라고 표현했어요. 예술이라는 이름으로 생명체의 유전자를 인위적으로 조작해 감상의 대상으로 만들어도 될까요? 과학계에서는 인간의 생식세포를 조작할 수 없습니다. 인체에 외부 유전자를 가져와서 키메라로 편집하는 실험은 금지되어 있습니다. 그런데 예술계에서는 자신의 신체를 대상으로 하는 경우, 제재하지 못한다고 해요.

브라질에서 태어난 에두아르도 카츠(Eduardo Kac)는 최초로 '유전자 변형 예술(트랜스제닉 아트)'이라는 용어를 도입한 작가이며 현재는 미국에서 활동하고 있습니다. 그는 자신의 예술세계를 "세상 어디에도 없는 살아 있는 존재를 창조해내기 위해, 합성 유전자를 생체에 이식하거나, 한 종에서 다른 종으로 유전 물질을 이식하는 유전공학 기술에 근거한 새로운 형태의 예술"이라고 했습니다.

에두아르도 카츠의 '형광 물질 토끼(GFP Bunny)'는 열대 해파리 젤리피쉬(Jellyfish)에서 추출한 GFP(녹색 형광 단백질, Green Fluorescent Protein)를 백색증(Albinism) 토끼의 수정란에 주입하여 파란색 조명 아래에서 형광 녹색빛이 나는 토끼 '알바(Alba)'를 만든 프로젝트였습니다.

'알바(버니)'는 예술 작품으로 인정된 최초의 동물입니다.

대화의 수준을 끌어올리는 똑똑이 아이템 3

창세기 – 에두아르도 카츠

아래 작품은 〈창세기geneis〉(1999)라는 작품입니다. 왜 이 작품을 '창세기'라고 이름 지었을까요? 작품 이름에서 도전적인 늬앙스가 묻어납니다. 사실 〈창세기〉라는 작품은 크리스퍼 기술을 활용하지는 않았습니다. 세균의 유전자를 조작한 작품이죠. 이 작품의 왼쪽에 놓인 페트리접시 위에는 박테리아가 움직이고 있고, 오른쪽 탁자 위에는 현미경이 놓여 있으며, 벽면에는 유전자 염기서열이 적혀 있습니다.

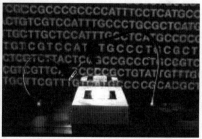

이 박테리아와 창세기는 어떤 관련이 있을까요? 창세기는 하느님이 인간에게 "그들(인간들)로 바다의 물고기와 하늘의 새와 가축과 온 땅과 땅에 기는 모든 것을 다스리게 하다. Let man have dominion over the fish of the sea, and over the fowl of the air, and over every living thig that moves upon the earth."(창세기 1장 26절)라는 동식물 및 자연의 지배권을 허락한 성경 구절이지요.

카츠는 성경의 창세기 1장 26절 문장의 영문자를 그에 대응하는 모스 부호로 바꾸었습니다. 그리고는 각 모스 부호에다 DNA 염기서열을 대응시켰습니다. 이것을 '예술가의 유전자'라고 불렀다고 하네요. 이렇게 만들어진 DNA 염기서열을 대장균의 플라스미드에 끼워 넣어서 증식시켰습니다.

카츠는 배양접시에 색깔이 다른 두 종류의 대장균을 배양접시에 담았습니다. 예술가의 유전자에는 파란색의 박테리아를 주입하고, 다른 박테리아는 노란색을 주입했습니다. 배양접시 속의 박테리아들은 살아 움직입니다. 파란색과 노란색의 박테리아가 접촉하여 플라스미드를 교환하게 되면 초록색 박테리아로 발현됩니다. 반대로 플라스미드의 교환이 일어나지 않는다면, 두 박테리아는 기존의 색을 유지하겠죠. 또 박테리아들이 자신의 플라스미드를 잃게 된 경우에는 색이 점차 옅어질 것입니다.

박테리아를 관찰하면 생명 활동이 느껴질까요? 창세기의 글귀가 보일까요? 카츠는 인간도 생명을 만들 수 있다는 메시지를 남기고 싶었던 것일까요?

카츠는 어느 정도 시간이 흐른 뒤에 박테리아의 DNA를 추출해서 다시 모스 부호로 변환시켜보았다고 합니다. 어떤 문장이 나왔을까요?

'Let aan have dominion over the fish of the sea and over the fowl of the air and over every living thing that ioves ua eon the earth'

에두아르도 카츠의 에듀니아와 룰젠의 페튜니아 이야기

인간 유전자와 결합한 에듀니아

크리스퍼 페튜니아

위의 꽃을 본 적이 있나요? 이 꽃은 페튜니아입니다. 페튜니아 (Petunia)는 색이 화려하고 다양하며 계속해서 피고 지기 때문에 화단이나 도로, 정원이나 실내 장식 등에 쓰이는 식물입니다. 페튜니아의 꽃말은 '당신과 함께 있으면 마음이 편안해진다.'입니다. 마음이 편해지나요? 저는 마음이 많이 불편합니다. 왜냐하면 카츠의 유전자와 결합해 피어난 '에듀니아' 때문입니다. 바로 왼쪽 꽃이죠.

카츠는 페튜니아(Petunia)에 자신의 혈액 DNA를 융합했습니다. 즉 식물(페튜니아) 세포 원형질과 동물(작가 자신) 세포 원형질을 결합해 동물도 식물도 아닌 제3의 종을 만들었습니다. 그는 이 별난 꽃에 자신의 이름(에두-)과 꽃의 이름인 페튜니아(-니아)를 합쳐 '에듀니아(Edunia)'라고 이름 붙였습니다. 카츠의 유전자가 고스란히 담긴 에듀니아의 꽃잎을 자세히 살펴보세요. 그의 혈액과 유사한 붉은 잎맥이 핏줄처럼 선명하게 뻗어 있어요. 페튜니아의 잎맥에서 사람의 혈액이 흐르는 것처럼 느껴지지 않나요? 작가와 DNA를 공유한 그 식물은 이렇게 그에게 특별한 존재가 되었습니다. 그는 이 작품을 통해 '생명의 연속성'을 보여주었고, 부분적으로 꽃이고 부분적으로 인간인 새로운 종류의 자아를 창조했다는 비평을 받았어요.

오른쪽 사진은 크리스퍼 유전자 가위 기술로 피워낸 페튜니아입니다. 페튜니아 식물 세포를 크리스퍼 유전자 가위로 편집하여 지금까지 볼 수 없었던 연한 분홍빛이 도는 자주색(pale pinky purple) 페튜니아 종을 만들었어요. 이 꽃은 충남대와 툴젠의 연구진이 개발한 신품종입니다.

토론거리_3

또 다른 '나'가 존재할 수 있을까요?
만일 체세포 복제로 만들어진 또 다른 내가 만들어진다면 생물학적 부모는 누구일까요? 나일까요, 우리 부모님일까요?

대화의 수준을 끌어올리는 똑똑이 아이템 4

정자 없이 포유동물을 만들었다고?

1970년 존 거든(John Gurdon)은 개구리의 수정란의 핵을 다른 개구리의 난자에 이식시켜 올챙이까지 키우는데 성공하였습니다. 그 후 같은 방법으로 포유류 등 수많은 동물들의 복제가 이루어졌습니다. 1996년 복제양 돌리가 탄생했을 때 미국 주간지 〈타임〉은 "Will There Be Another You?(이 세상에 정말 또 다른 당신이 있게 될까?)"라는 표제를 붙였습니다. 체세포 복제 기술은 핵 치환 기술이라고도 합니다. 핵 치환(Somatic-cell nuclear transfer, SCNT) 기술은 난세포의 핵을 제거한 후에, 체세포의 핵을 핵이 제거된 난세포에 이식해 복제하는 기술을 말합니다. 이 기술로 정자가 없어도 생명을 만들 수 있습니다.

1996년 복제양 돌리(Dolly)가 최초의 포유동물 복제 사례입니다.

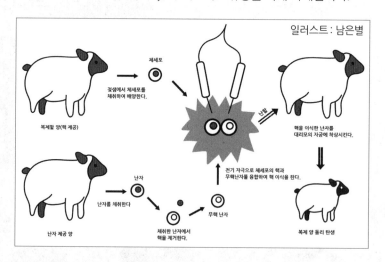

DNA,
너는 어디 있니?

2장

1
세포,
모든 생명체의 시작

지구에는 수많은 나라가 있습니다. 수많은 나라 중 하나인 대한민국에는 수많은 학교가 있습니다. 수많은 학교에는 또다시 수많은 학급이 있고, 수많은 학급 속에 여러분들이 속한 학급이 있습니다. 또 그 학급의 많은 구성원들 중 여러분들이 있죠. 과연 여러분들은 지구에서 어떤 존재일까요?

우리는 모두 작은 점

1990년 2월 14일, 해왕성을 지나던 보이저 1호는 지구에서 45AU(1AU = 태양에서 지구까지의 거리), 즉 약 61억 킬로미터 거리에서 카메라를 지구 방향으로 돌렸습니다. 당시 이 행동은 태양계 탐사와는 관계가 없으며, 카메라 렌즈에 치명적인 결함을 일으킬 수 있는 행위였기 때문에 많은 사람이 반대했습니다. 하지만 이 행동이 과학적 의미를 넘어, 당시 냉전 시대였던 인류 전체에 큰 파장을 일으켰다는 것은 분명한 사실이었죠. 당시를 회상하며 칼 세이건은 저서 《창백한 푸른 점》에서 이렇게 서술합니다.

> 우주라는 광대한 스타디움에서 지구는 아주 작은 무대에 불과합니다. … 저 작은 픽셀의 한쪽 구석에서 온 사람들이 같은 픽셀의 다른 쪽에 있는, 겉모습을 거의 분간할 수조차 없는 사람들에게 저지른 셀 수 없는 만행을 생각해보십시오. 얼마나 잦은 오해가 있었는지, 얼마나 서로를 죽이려고 했는지, 그리고 그런 그들의 증오가 얼마나 강했는지 생각해보십시오. … 제게 이 사진은 우리가 서로를 더 배려해야 하고, 우리가 현재 알고 있는 유일한 삶의 터전인 저 창백한 푸른 점을 아끼고 보존해야 한다는 책임을 강조합니다.

인류의 터전인 지구는 사실 우주의 작은 점에 불과하다는 사실은 서로 싸울 것이 아니라 협력해야 한다는 마음에 불을 지폈고, 결국 1990년 9월 12일 냉전 체제는 사실상 종결되었습니다.

이처럼 누군가에겐 전부인 것이 보는 관점에 따라서는 하나의 점에 지나지 않죠.

자, 그럼 반대로 들어가 볼까요? 우리는 사람을 셀 때 '명'이라는 단위를 사용합니다. 하지만 이 한 명의 사람은 여러 개의 기관계로 이루어져 있고, 그 기관계는 또 여러 개의 기관으로 구성됩니다. 기관은 다시 여러 개의 조직으로 구성되며, 조직은 세포로 구성되죠. 네 그렇습니다. 바로 이 세포가 인간, 나아가 생명체를 구성하는 가장 작은 단위입니다. 지구가 우주에서 한 점에 지나지 않는 것처럼, 세포 또한 인체를 구성하는 하나의 점인 셈이죠. 인체를 구성하는 세포는 성인 남성 기준으로 대략 70,000,000,000,000개입니다. 세기 어려우시다고요? 자그마치 70조 개가 넘는답니다!

💬 토론거리_4

세상에서 가장 큰 세포는 무엇일까요? 바로 타조알입니다. 눈으로도 충분히 보일 정도죠. 세포 하나를 생명체라고 볼 수 있을까요? 단세포 '생물'인 아메바가 그 답을 줍니다. 그렇다면 같은 세포 하나인데도 타조알은 생명체가 아니고, 아메바는 생명체인 이유는 무엇일까요? 생명 현상의 특성에 대해 토의해봅시다.

세포의 발견

1665년, 영국의 과학자 로버트 훅(Robert Hooke)에 의해 코르크의 식물 세포가 최초로 발견되었습니다. 세포는 눈으로 보이지 않기 때문에 사실 세포의 역사는 현미경의 발명과 함께 시작됐다고 할 수 있죠. '세포(cell)'는 크리스트교 수도원의 수도사들이 살던 작은 방과 닮았다는 점에서 붙여진 이름입니다. 세포의 크기는 종류별로 굉장히 다양합니다. 아메바나 짚신벌레는 세포가 한 개입니다.(우리는 이들을 단세포생물이라고 부릅니다.) 눈에 보이지 않아 전자 현미경으로 관찰해야 하는 단세포생물인 박테리아부터, 현재까지 알려진 지구상에서 가장 큰 '세포'인 타조알까지. 오징어의 어떤 신경세포 하나의 길이는 약 1미터에 이릅니다. 사람의 경우는 어떨까요? 가장 큰 세포는 난자이며, 가장 작은 세포는 다름 아닌 정자입니다.

세포가 대체 뭔데?

학교에 가면 우리는 교실이라는 공간에서 수업을 듣습니다. 교실이라는 공간은 벽이 있기 때문에 존재하는 것이죠. 만약 교실과 복도 사이에 문과 벽이 없다면 어떻게 될까요? 아마 여러분은 교실이 아닌 툭 튀어나온 복도에서 수업을 듣는 처지가 될 겁니다. 지나다니는 학생들이 신기하게 쳐다보는 건 덤일 테죠. 반대로 교실과 바깥 사이에 창문과 벽이 없다면 1년 내내 야외수업을 하는 기분일 겁니다. 이처럼 어떤 공간이나 영역을 정의할 때 벽은 굉장히 중요합니다. 세포에도 이러한 벽의 역할을 하는 '막'들이 있습니다. 세포 속에는 유전 정보를 저장하는 유전 물질이 존재합니다. 이 물질은 굉장히 중요하기 때문에 어떤 세포는 막으로 감싸고 있는데, 이 막을 '핵막'이라 부르고 막으로 인해 외부와 분리된 공간을 '핵'이라고 합니다. 그리고 이 핵이 존재하는 세포를 '진핵세포'라고 하죠. 반대로 핵이 존재하지 않아 유전 물질이 세포질과 함께 존재하는 세포를 '원핵세포'라고 부릅니다. 진핵세포는 또다시 '동물세포'와 '식물세포'로 나눕니다. 아래의 도식을 보며 간단하게 정리해봅시다.

원핵세포는 진핵세포보다 단순한 구조로, 이 원핵세포 중에서는 세포 자체가 생명체인 단세포생물도 있습니다. 진핵세포는 핵막이 있는 구조로, 진핵생물의 종류에 따라 동물세포와 식물세포로 구분됩니다. 이 세포를 구성하는 세포 소기관에 대해서는 설명할 것이 많으니 그림에서 다뤄봅시다. 여러분이 들어본 세포 소기관은 무엇이 있나요? 예를 들어 엽록체는 광합성을 하는 소기관이란 사실을 들어본 적이 있을 겁니다. 따라서 광합성을 하는 식물에만 들어 있죠. 또한 로버트 훅이 세포가 식물에만 있다고 생각했던 이유는 바로 식물 세포에만 세포벽이 있기 때문입니다. 이로 인해 식물 세포가 초기에 발견되었고, 동물 세포는 시간이 좀 더 지나 테오도르 슈반(Theodor Ambrose Hubert Schwann)이라는 과학자에 의해 발견되었죠, 동물 세포에는 세포벽이 없고 세포막만 존재하여 그 모양이 일정하지 않았기 때문입니다.

세포의 등장

그렇다면 이 세포는 어떻게 등장하게 된 걸까요? 지구가 태어난 지 7억 5천만 년 후, 그러니까 지금으로부터 약 38억 년 전으로 거슬러 올라갑니다. 몇천 년의 과거를 알아내기도 쉽지 않은데, 38억 년 전을 알아내기란 쉽지 않겠죠. 따라서 세포의 탄생에 대해서는 아직도 학술적으로 의견이 분분합니다.

세포가 어떻게 태어났는지는 알 수 없지만 최초의 세포, 즉 생명의 탄생에 대해 몇몇 학자들은 다양한 실험을 통해 그 증거를 밝혀냈습니다. 1936년 소련의 생화학자 알렉산드로 오파린(Aleksandr Ivanovich Oparin)은 《생명의 기원》이라는 책에서 지구상의 무기물이 유기물로 전환되고, 이들이 결합을 거듭하여 최초의 원시 생명체가 등장했을 것이라 제안했습니다.

이후 영국의 생물학자 존 홀데인(John Burdon Sanderson Haldane)이 내용을 보충하였고, 이를 입증한 가장 중요한 실험 한 가지는 바로 1950년대에 대학원생이었던 스탠리 밀러(Stanley Miller)에 의해서 진행됐습니다. 밀러는 무기물의 화학적 반응으로 유기물이 탄생하는 '화학적 진화설'을 주장하였으며, 실험을 간단히 설명하면 왼쪽과 같습니다.

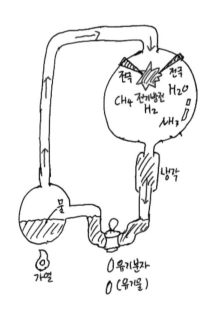

생명의 기원

원시 지구, 즉 옛날의 지구에는 메탄, 암모니아, 수증기 등의 무기물만이 존재했습니다. 하지만 이러한 물질들이 번개, 자외선 등 어떤 강력한 에너지를 받아 간단한 유기물이 되었다는 생각을 하게 됐습니다. 따라서 밀러는 그림과 같이 원시 지구와 비슷한 환경을 조성하고 실험을 진행했죠. 무기물만이 가득한 환경에 강력한 전기 방전을 주어 이를 냉각시킨 결과물을 관찰한 결과, 이 안에 알라닌, 글리신 등 유기물인 아미노산 분자가 발견됐답니다. 물론 이 아미노산 분자들을 생명체라고 할 순 없으나, 생명체가 없는 상태에서 생명체를 이루는 기본 요소들이 만들어질 수 있다는 것을 알게 된 거죠.

이후 1969년 호주에 자그마치 100킬로그램짜리 대형 운석인 '머치슨 운석'이 떨어지는데, 이 안에 지구가 아닌 외계에서 기원된 유기 물질이 발견되면서 생명의 기원에 대한 연구는 더욱 더 활발해졌습니다. 외계에서 온 유기 물질이 생명의 기원이 됐다는 사실은, 외계에서도 유기물로부터 생명이 합성될 수도 있다는 가능성을 말해주는 것이기 때문이죠.

대화의 수준을 끌어올리는 똑똑이 아이템 5

자연 발생설의 시작

'생명체가 어떻게 생겨났을까?'라는 질문은 인류사의 가장 중요한 이슈 중 하나입니다.

그렇다면 옛날에는 어떻게 생명체가 생겨났다고 생각했을까요? 신이 우리를 창조하셨다는 생각을 제외하면 자연스럽게 생명체가 생겨났다는 생각을 하지 않았을까요? 이 생각이 바로 유구한 역사를(?) 자랑하는 '자연 발생설'입니다.

자연 발생설의 역사는 오랜 옛날 아리스토텔레스로부터 시작됩니다. 이 당시에는 대기 중에 '활력'이라는 것이 있어 물체에 이 '활력'을 불어넣으면 생명력을 얻고, 진흙에 신이 활력을 불어넣으면 생쥐가 된다는 등의 이론이었습니다. 지금 생각하면 참 웃긴 일이지만, 그 당시에는 진리로 받아들여졌죠.

오랜 세월이 지나고, 17세기 벨기에의 과학자 얀 밥티스타 판 헬몬트(Jan Baptiste Van Helmont)는 땀에 젖은 셔츠와 밀알을 밀폐된 공간에서 약 3주간 방치해뒀더니 생쥐가 생겨나는 모습을 보고, 생쥐가 셔츠와 밀알로부터 활력을 얻어 생겨났다는 가설을 제시합니다.

그 후, 18세기 영국의 과학자 조셉 니담(Josep Needham)이 자연 발생설을 입증하기 위해, 닭고기를 끓인 수프, 채소를 끓인 국물을 시험관에 넣어서 마개를 막아 밀폐시켰더니 1주일도 되지 않아 곰팡이 등의 미생물이 생긴 것을 보고, 마찬가지로 대기 중의 활력이 미생물을 만들었다는 생각을 하게 됐죠.

결국 이 생각들은 이후 레디와 스팔란차니, 그리고 파스퇴르의 생물 속생설(생물은 생물로부터 나온다!)과 이를 증명하는 실험들에 의해 부정되었습니다.

여러분이 만약 니담의 실험을 부정하려 한다면, 실험에서 어떤 점을 지적할 수 있을지 생각해봅시다.

2
염색체,
부모 세대의 소중한 선물

A : 너 혹시 염색체가 어떻게 생겼는지 아니?

B : 알지! X 모양으로 생긴 거 아냐? (손가락으로 X 표시를 한다)

A : 그럼 염색체가 왜 염색체라고 불리는 줄은 아니?

B : 글쎄⋯?

A : 염색하면 보인다고 해서 염색체라고 부른다? 신기하지?

B : 에이, 거짓말⋯.

염색체가 무엇인지 자세히는 알지 못해도 '남자는 XY, 여자는 XX이다!'라는 말은 익히 들어봤을 겁니다. 유명 드라마에 등장한 DNA 검사 결과지로 인해 여주인공의 성 정체성 논란이 있기도 했었죠. 제작진의 실수로 여주인공의 성 염색체가 'XY'로 표기되는 바람에 여주인공의 성별이 바뀌어버린 것으로 밝혀졌지만요. 이 정도로 대부분의 사람들은 염색체에 대해서 조금은 알고 있습니다. 그렇다면 염색체란 정확히 무엇을 지칭하는 걸까요?

생각보다 다양한 염색체의 세계

염색체는 세포 안에 들어 있는 유전 물질로, 일반적인 상황에서는 사실 관찰되지 않습니다. 세포가 분열하는 시기에만 관찰되며, 여러분이 익히 알고 있는 큰 X 모양, 작은 Y 모양(우리가 Y 염색체로 알고 있는) 말고도 굵은 실타래 모양, 막대 모양 등 다양합니다.

염색체(chromosome)라는 이름의 유래는 간단합니다. 색을 뜻하는 그리스어인 크로마(chroma)와 몸을 뜻하는 그리스어인 소마(soma)의 합성어로, 한글 표기인 '염색체'와 마찬가지로 특정한 염색약으로 염색했을 때 현미경 관찰이 쉽기 때문에 붙여진 이름입니다. 간단하죠?

앞에서 다뤘던 진핵세포와 원핵세포를 기억하시나요? 이 둘의 차이는 바로 핵막의 유무였습니다. 진핵세포에는 많은 염색체가 핵막 내에 존재하고, 원핵세포는 핵막이 없기 때문에 세포질 내에서 단백질과 함께 고리 모양을 하고 있습니다. 사실 원핵세포는 엄밀히 따지면 염색체가 없고, 고리 모양의 핵양체(어떤 세균은 원형의 플라스미드도 가지고 있죠.)라는 물질이 이를 대신합니다.

자, 그럼 우리의 몸에는 대체 어떤 염색체가 있고, 얼마나 있을까요?

아래 그림을 봅시다.

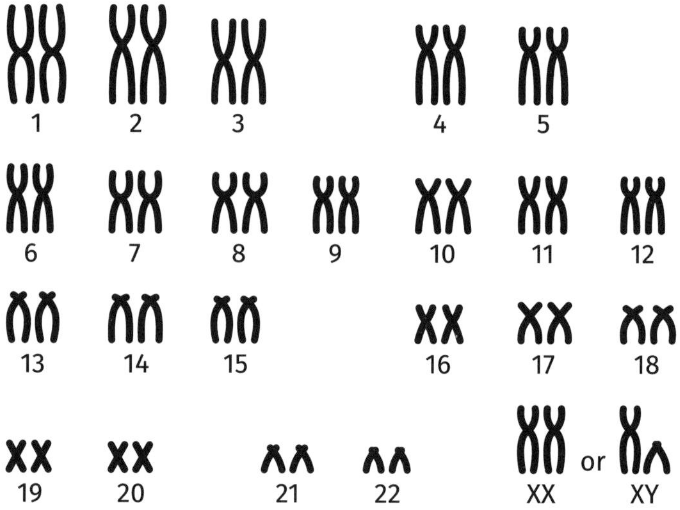

바로 우리 몸에 있는 염색체를 분석한 그림입니다. 정확히는 우리 몸에 있는 체세포 하나의 염색체죠. 우리 몸의 체세포 하나에는 염색체 46개, 23쌍이 있는 것을 알 수 있습니다. 번호는 1번부터 22번까지 있는데요, 이 22쌍의 염색체들은 정상인이라면 모두 가지고 있는 염색체, 즉 상염색체입니다. 나머지 한 쌍, 여러분이 익히 알고 있는 XX와 XY가 바로 성을 결정하는 성염색체죠. 성염색체가 XX이면 여성, XY이면 남성입니다.

염색체가 한 쌍인 이유는 무엇일까요? 생각보다 간단합니다. 바로 어머니와 아버지에게서 각각 한 개씩을 물려받기 때문이죠.

정리하면, 정상인이 가진 46개의 염색체 중 44개는 상염색체, 2개는 성염색체이고 23쌍의 염색체는 각각 부모에게서 한 개씩 물려받습니다. 그리고 46개의 염색체는 하나의 세포에 들어 있으니, 우리 몸의 모든 세포가 분열 중이라고 가정할 때, 사람의 총 염색체 수는 46×70조 개가 되는 것이죠.(하지만 몇몇 돌연변이를 제외한 정상적인 체세포는 모두가 같은 염색체를 갖고 있습니다.)

토론거리_5

다음의 그림은 다운 증후군을 앓고 있는 아이의 핵형입니다. 다운 증후군은 21번 염색체가 3개일 때 나타나는 가장 흔하고 대표적인 염색체 돌연변이 유전병입니다. 21번 염색체를 3개 갖고 태어나는 이유는 무엇일까요?

21번 염색체를 3개 갖고 태어나는 원인에 대해 생각해봅시다.

개수가 꼭 지켜져야 하는 이유

46개의 염색체 개수가 지켜지지 않으면 우리에게 어떤 일이 생길까요? 실수로 어떤 염색체가 한 개 많거나, 한 개 적을 수 있고, 이 정도 변화로는 사실 큰일이 나지 않을 수 있다고 생각할 법합니다. 만약 성염색체가 'XYY'가 된다면 어떻게 될까요?

이 경우 남성으로 태어나지만 지능과 생식 기능, 발달에서 현저한 저하를 보입니다. 성염색체 XXY를 갖고 태어나는 유전병을 '클라인펠터 증후군'이라고 부릅니다. 이처럼 염색체 개수가 한두 개 지켜지지 않거나, 심지어 염색체가 통째로 2배, 3배씩 많아지는 돌연변이를 '염색체 돌연변이'라고 부릅니다.

부모에게서 한 개씩 물려받아 한 쌍을 이루는 염색체를 보고 '부모님에게서 물려받으니 염색체가 바로 유전자구나!'라고 생각하는 경우가 많습니다. 미리 정답을 알려드리면 염색체는 유전자가 아닙니다. 유전 물질은 맞지만, '유전자'라는 용어는 '염색체'라는 용어와는 다릅니다. 유전자에 대해서는 다음 장에서 정확히 다뤄보도록 하죠. 그럼 이 염색체와 유전자, 그리고 DNA의 관계는 어떻게 되는지 좀 더 자세히 알아봅시다.

3
DNA와 RNA,
생명의 중심 원리

DNA는 우리 생활 속에서, 심지어 노래 가사에서도 등장합니다. 실제로 K-pop의 선두주자라 할 수 있는 BTS는 DNA를 혈관 속에 있다고 표현하며, 심지어는 DNA가 말을 한다는 이야기가 가사에 포함되어 있습니다.

여러분은 DNA를 실제로 관찰해본 적이 있나요?

대체 DNA가 무엇이기에 혈관 속에 있으며, 말까지 하는 걸까요? 이 가사는 과연 맞는 말일까요? 결론부터 말하면 틀린 말은 아닙니다. DNA

는 혈관 속 세포에도 존재하며, 우리의 유전 정보를 결정하기 때문에 우리의 특징을 말해준다고 할 수 있습니다. 앞에서 염색체에 대해 간단히 알아봤습니다. 그렇다면 DNA는 무엇인지도 알아봅시다.

생명과학의 핵심, 이중 나선

생명과학을 그림으로 표현할 때 빠지지 않고 그리는 것이 있습니다. 바로 DNA인데, 직경 약 2나노미터의 이중 나선 모양으로 이루어져 있습니다. 자세히 보면 나선 두 개가 가로 막대로 이어진 모습이죠. 사다리를 꼬아놓은 모양 같기도 합니다. DNA의 이중나선은 왓슨과 크릭, 그리고 윌킨스에 의해 그 구조가 정립됐으며, 공로를 인정받아 1962년 노벨생리의학상을 수상했습니다.

DNA는 디옥시리보핵산(Deoxyribonucleic acid)의 약자로, 간단히 풀어쓰면 '산소 원자가 하나 빠진 리보오스가 주 골격인 핵산'이라는 뜻입니다. 가끔 예외가 있으나 일반적으로 이 DNA가 유전 정보를 보관하고 후대에 전달하는 아주 중요한 역할을 합니다. 유전 정보는 염색체도 전달하는데요, 이 둘의 차이는 무엇일까요? 염색체와 DNA의 관계는 간단합니다. DNA가 세포 분열기에 고도로 응축된 모습이 바로 염색체입니다. 이때 DNA가 그냥 감길 수 없기 때문에 휴지의 휴지심처럼 돌돌 감아주는 도구가 필요한데, 이 도구의 이름은 '히스톤 단백질'입니다.

하나의 세포가 체세포 분열을 하면 똑같은 세포가 2개 만들어집니다. 2개의 세포엔 DNA도 똑같은 양이 들어가 있어야 하죠. 그런데 만약 DNA가 삶은 국수 면발처럼 복잡하게 얽혀 있다면, 반으로 나누는 것이 어려울 뿐만 아니라 또 오류가 생길 확률이 커질 것입니다.

따라서 이 DNA를 돌돌 말아서 염색체로 만든 후, 반으로 나누면 오류가 생길 확률이 현저히 줄어듭니다.

일러스트 : 하춘와

세포 하나에 들어있는 DNA를 한 가닥으로 풀면 대략 2미터 정도 됩니다. 세포 하나에 길이가 2미터나 되는 DNA가 들어가기란 쉽지 않죠. 최근 연구결과에 의하면 이 DNA는 고리를 이루거나, 감기는 방식으로 세포의 핵 안에 들어가 있습니다. 우리 몸의 세포가 약 70조 개이기 때문에, 우리 몸의 DNA를 전부 한 줄로 풀면 지구에서 태양을 약 8번 정도 왕복할 수 있는 길이라고 합니다.

DNA는 'ㅑ' 모양의 선과, 'ㅕ' 모양의 선이 결합하여 감긴 모양입니다. DNA 모양을 자세히 보면, 가로줄의 색이 정확히 반으로 나뉘어 있음을 알 수 있죠. 이는 바로 반씩 결합했기 때문입니다. 결합을 위해서는 가로줄의 끝 부분에 있는 '염기'의 조합이 맞아야 하는데, DNA의 염기는 A(아데닌), G(구아닌), C(사이토신), 그리고 T(타이민) 네 가지 중 하나로 구성됩니다. 이중 A는 T와, C는 G와만 결합할 수 있습니다. 예시를 한번 들어볼까요?

DNA의 어느 한 가닥이 'CGATGACT'라면, 다른 반쪽은 'GC-TACTGA'여야 염기쌍을 이뤄 정확히 결합할 수 있습니다. 인간 세포의 DNA는 약 30개의 염기쌍으로 이루어져 있습니다. 이를 다 풀면 지구와 달을 약 20만 번이나 왕복할 수 있답니다. 그만큼 이 결합이 얼마나 정교한지 알 수 있죠.(약 30억 개의 염기쌍으

로 구성)

즉 크리스퍼는 바로 이 DNA 염기서열 중 이상이 있는 18~30개 정도를 인식하여 잘라내고 정상 염기서열로 채워 넣는 유전자 편집 기술입니다. 이 기술이 얼마나 섬세한지 상상이 되나요?

생명의 메신저 – RNA

자, 그럼 RNA는 무엇일까요? RNA는 리보핵산(Ribonucleic acid)의 약자로, 이중 나선의 DNA와 달리 대부분 단일 가닥입니다. 또한 DNA가 A, G, C, T의 염기로 이루어진 것과 달리 RNA는 A, G, C는 같지만 T 대신 U(유라실)을 포함한 네 가지 염기로 구성됩니다. 또한 U는 DNA의 T처럼 A와 결합합니다. RNA의 종류는 mRNA, tRNA, Ribozyme 등 다양하고 기능 또한 다양하지만, 우리는 가장 보편적인 mRNA와 tRNA에 대해서만 간단히 알아보도록 하죠.

mRNA는 'Messenger RNA'의 약자입니다. 메신저, 즉 우체부라는 말 그대로 핵 안에 있는 DNA의 정보를 핵 밖에 있는 단백질 공장인 리보솜으로 전달하는 역할을 합니다. 이때 전달하려는 DNA의 서열과 결합하므로 mRNA는 대상 DNA 서열의 반대가 됩니다.(예를 들어 DNA의 서열이 AGC라면 mRNA의 서열은 UCG) 이렇게 반대 서열을 '상보적 서열'이라고 합니다. 이후 'Transfer RNA'의 약자인 tRNA가 단백질 공장에서 mRNA의 정보를 받아 단백질을 만드는 공정을 진행하죠.

요약하면 DNA 속의 정보를 RNA가 전달하여 최종적으로 생명 현상에 아주 중요한 단백질(정확히 말하면 단백질을 구성하는 아미노산)을 만드는 과정에 이르기까지 유전 정보의 흐름이 일어납니다. 이러한 흐름을 생명체의 가장 중요한 부분을 관통한다고 하여 '생명의 중심 원리'라고 부릅니다.

유전자는 바로 이 DNA 염기서열 중 특정 기능을 하는 영역 일부를 말하는 것입니다. 만약 어떤 DNA의 7번째 염기서열부터 29번째 염기서열이 등 쪽에 점이 나도록 한다면 '등에 점'이라는 '형질'을 발현하게 되는 것이고, 이 서열을 묶어서 '등 점 유전자' 라고 부르는 것입니다. 더 이해하기 쉽게 예를 들자면, 교실 속에 있는 학생들이 DNA라고 했을 때, 청소 구역 '쓸기'를 담당하는 1분단은 '쓸기 유전자'가 되는 것이죠.

토론거리_6

비밀 암호 '코돈'

mRNA는 '코돈'이라는 비밀 암호로 3개의 염기가 하나의 코돈이 되어 특정 단백질을 만들기 위한 정보를 전달합니다. 단백질은 20종류의 아미노산의 조합으로 만들어지며, 코돈이 지정하는 아미노산을 나타내는 코돈 표는 아래와 같습니다.

		두 번째 염기				
		U	C	A	G	
첫 번째 염기	U	UUU 페닐알라닌 UUC 페닐알라닌 UUA 류신 UUG 류신	UCU 세린 UCC 세린 UCA 세린 UCG 세린	UAU 티로신 UAC 티로신 UAA 종결 코돈 UAG 종결 코돈	UGU 시스테인 UGC 시스테인 UGA 종결 코돈 UGG 트립토판	U C A G
	C	CUU 류신 CUC 류신 CUA 류신 CUG 류신	CCU 프롤린 CCC 프롤린 CCA 프롤린 CCG 프롤린	CAU 히스티딘 CAC 히스티딘 CAA 글루타민 CAG 글루타민	CGU 아르지닌 CGC 아르지닌 CGA 아르지닌 CGG 아르지닌	U C A G
	A	AUU 아이소류신 AUC 아이소류신 AUA 아이소류신 AUG 메싸이오닌 (OR 개시 코돈)	ACU 트레오닌 ACC 트레오닌 ACA 트레오닌 ACG 트레오닌	AAU 아스파라긴 AAC 아스파라긴 AAA 라이신 AAG 라이신	AGU 세린 AGC 세린 AGA 아르지닌 AGG 아르지닌	U C A G
	G	GUU 발린 GUC 발린 GUA 발린 GUG 발린	GCU 알라닌 GCC 알라닌 GCA 알라닌 GCG 알라닌	GAU 아스파르트산 GAC 아스파르트산 GAA 글루탐산 GAG 글루탐산	GGU 글라이신 GGC 글라이신 GGA 글라이신 GGG 글라이신	U C A G

여기서 개시 코돈은 단백질 생산, 즉 번역을 시작하는 지점이며, 종결 코돈 지점에서는 어떠한 아미노산도 생산되지 않고 번역 과정을 종료합니다.

만약 어떤 mRNA가 'AUGACAAAAGAUGA' 라는 염기서열을 가지고 있고 번역이 왼쪽에서 오른쪽으로 이루어진다면, 여기서 만들어지는 단백질은 '메싸이오닌-트레오닌-라이신-아르지닌 4가지 아미노산이 연결되어 구성된 단백질이 됩니다. 만약 이 4가지 아미노산이 머리카락의 수를 결정한다면, 'AUGA-CAAAAGAUGA'라는 mRNA 서열의 원래 주인인 DNA 염기서열은 '머리카락 수 유전자'가 되는 것입니다. 자 그럼 조금 더 긴 어느 mRNA의 서열을 봅시다. 번역의 방향은 왼쪽에서 오른쪽으로 진행된다고 가정합니다.

… CUCCUAAUGGCUGAUGGUGGCGGAUGAAAA …

이 mRNA의 서열에서 만들어지는 아미노산은 총 6개입니다, 어디서 번역이 시작되고 끝나는지 표시해보고, 만들어지는 아미노산의 순서는 무엇인지, 그리고 그렇게 생각하는 이유에 대해 토의해봅시다.

대화의 수준을 끌어올리는 똑똑이 아이템 6

생명의 중심 원리(Central dogma of biology)

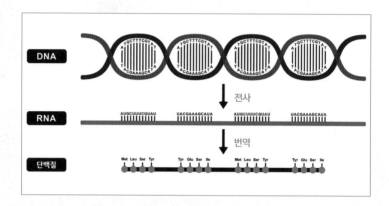

    DNA로 대표되는 유전 물질의 역할은 물질 속 유전 정보를 통해 단백질을 만들어내는 역할입니다. 이 과정은 직접 이루어지는 것이 아니라, '전사'와 '번역'으로 구성된 유전자 발현이라는 과정을 통해 진행됩니다. DNA는 섬세한 구조이기 때문에 손상을 최소화해야 합니다. 따라서 핵 안에 있는 DNA의 정보를 mRNA에 전달하는 '전사' 과정을 거치고, 이 mRNA가 핵 밖의 단백질 생성 공장인 리보솜으로 나가 tRNA를 통해 단백질을 생산하는 '번역' 과정을 거치며 완성되는 것이죠. 우리가 패스트푸드 가게에 가서 햄버거를 주문하면 카운터의 점원이 주문을 받고, 그 주문서(mRNA)를 부엌(리보솜)에 전달하면 부엌의 점원이 그 주

문서를 보고 햄버거(단백질)를 만드는 것과 비슷합니다. 이런 일련의 과정이 바로 '생명의 중심 원리(Central dogma of biology)'로, DNA의 이중나선 구조를 밝힌 프란시스 크릭(Francis Crick)이 1958년에 처음 제안하였죠. 당시에는 이 과정이 단방향성으로 DNA는 RNA를 거쳐 단백질이 만들어지고 역방향은 진행될 수 없다고 생각됐으나, 어떠한 바이러스는 RNA를 통해 DNA를 만들고(전사의 반대 과정이라 하여 역전사라 부름), 유전 정보가 들어 있는 단백질로 단백질을 만드는 미생물이 발견되는 등 기본적인 원리를 벗어나는 예외가 많이 발견되면서 수정됐습니다. "닭이 먼저냐 달걀이 먼저냐?" 하는 이슈처럼, 예외들이 발견되면서 무엇이 중심 원리의 시작이었는지는 아직도 뜨거운 논란이 되고 있습니다.

4
게놈,
금단의 영역에 도전하다

오늘 우리는 신이 생명을 창조하실 때 사용하였던 그 언어
를 배우고 있습니다. 이 심오하고 새로운 지식을 얻게 됨으로
써 인류는 바야흐로 질병 치료를 위한 새롭고 엄청난 힘을 얻
으려 하고 있습니다.

- 빌 클린턴 미국 대통령(인간 게놈의 1차 조사 완료를 발표하며)

이름부터 특이한 게놈(genome)은 알파벳 그대로 발음하면 사
실 '지놈'이 맞습니다. 한국인이라면 특히 발음에 유의해야 하는
게놈이라는 단어는 독일의 식물학자 한스 빙클러(H. Winkler)가
1920년 처음 창안한 단어입니다. 유전자를 뜻하는 'gene'과 염

색체를 뜻하는 'chromosome'의 합성어로, 독일식으로 발음하면 '게놈'이 되죠. 그렇다면 게놈은 과연 무엇일까요?

간단히 말하면 어떤 생물이 가진 유전 정보 전부를 말합니다. 한글로는 '유전체'라고 하죠. 방금 전 DNA를 설명할 때 사람의 세포 하나의 DNA가 약 60억 염기쌍으로 구성되어 있다고 하였습니다. 바로 이 60억 개의 염기쌍이 인간의 게놈인 것입니다. 만약 인간 게놈을 전부 해독할 수 있다면, 질병의 원인이 되는 유전자를 알아내 집중적으로 치료할 수 있을 뿐 아니라, 심지어 인간 복제도 불가능한 일이 아닙니다.

따라서 60억이라는 어마어마한 수의, 심지어 육안으로는 보이지 않는 염기쌍의 서열을 모두 파악하여 유전자의 비밀을 밝히기 위한 프로젝트가 1980년대 후반부터 진행됐는데, 바로 그 유명한 '게놈 프로젝트'입니다.

인간 게놈 프로젝트는 1990년에 시작하여 15년이 걸릴 것이라 예상한 초장기 프로젝트였고, 기술의 발전 등으로 인해 2년을 앞당긴 2004년, 마침내 인간의 모든 DNA 서열의 99.99%를 밝혀내는 데 성공하였습니다. 안타깝게도 서열을 알아냈다고 당장 활용할 수는 없습니다.

이 서열을 해독한 뒤 특정 영역의 유전자들을 찾고, 기능을 알아내 실제로 활용하기까지는 훨씬 더 많은 기술력과 노력이 필요합니다. 마치 이제 갓 한글을 배운 아이가 한국사 교과서를 통째로 읽고 해석해야 하는 수준이죠. 인간 게놈 프로젝트로 밝혀진 유전자는 2만여 개입니다. 만약 유전자가 하는 일이 모두 밝혀지면 알츠하이머, 암 등의 난치병도 유전자 단위에서의 교정과 치료가 가능하게 됩니다. 그야말로 혁명이죠. 그리고 이러한 교정을 위해서 쓰일 수 있는 도구가 바로 유전자 가위입니다.

대화의 수준을 끌어올리는 똑똑이 아이템 7

샷건 분석법

샷건 분석법은 게놈 프로젝트에서 유용하게 활용된 유전체 서열 분석 방식의 하나로, DNA를 산탄총을 쏘는 것처럼 무작위로 수천 조각으로 토막 내어 토막 서열을 분석 후, 자료들을 컴퓨터로 분석하여 퍼즐처럼 순서를 맞춰주는 방식입니다.

만약 어떤 DNA의 서열이 GCGATACGACT일 때,

– 첫 번째 샷건 분석법으로 GCG, ATACG, ACT의 서열을 얻고

– 두 번째 샷건 분석법으로 GCGA, TAC, GAC, T의 서열을 얻었으며

– 세 번째 샷건 분석법으로 GC, GATAC, GACT의 서열을 얻었다면 퍼즐처럼 맞춰서 'GCGATACGACT'라는 서열을 완성할 수 있습니다.

사람의 유전자를 해독하라!

그럼 대체 사람 게놈은 왜 이렇게 파악하기 어려운 것일까요? 이를 위해선 정크 DNA에 대한 이해가 필요합니다. 사실 사람의 길고 긴 DNA 염기서열 중 실제로 유전 정보를 가지고 있고, 유전자로서 기능하는 DNA는 얼마 되지 않습니다. 다음 글을 한번 읽어봅시다.

발둘아뱃앤안녕하세요? 아댜랩나퍼렁뻻 걍귱저는박낯쟝미벳 제용뱢오늘꿿트허개뱥꿇 벤럭뱃허뵳뱕점심엡헉뱌려벳으로 껆볏 충넲갈비탕을벳헉벤짏 깍꿇먹었릃럅녈뻰쭗땹습니다. 꿇깃긇.

도대체 무슨 말인지 모르겠지만, 위의 글을 읽고 글쓴이가 점심으로 무엇을 먹었는지 맞혀봅시다. 쓸데없는 글자가 대부분이지만, 답을 찾을 수는 있을 것 같습니다. 다시 한번 볼까요?

발둘아뱃앤안녕하세요?아댜랩나퍼렁뻻 걍귱저는박낯쟝미벳 제용뱢오늘꿿트허개뱥꿇 벤럭뱃허뵳뱕점심엡헉뱌려벳으로 껆볏 충넲갈비탕을벳헉벤짏 깍꿇먹었릃럅녈뻰쭗땹습니다. 꿇깃긇.

밑줄 친 부분만 뽑아보면 다음과 같은 문장이 완성됩니다.

안녕하세요? 저는 오늘 점심으로 갈비탕을 먹었습니다.

쓸데없는 글자를 치우고 나니 글쓴이가 말하려는 부분이 보입니다. 이 쓸데없는 글자를 지우고 의미 있는 글자들끼리 연결하는 과정을 '스플라이싱(Splicing)'이라고 합니다. 이처럼 사람의 DNA 서열도 실제로 단백질을 만들고 유전자로서 기능하는 부분은 얼마 되지 않고, 나머지는 단백질을 만들지 못하는 쓸모없는 부분입니다. 유전 정보가 있는 부분을 엑손(exon)이라고 부르고, 유전 정보가 없어 유전자로서 기능하지 못하는 부분을 인트론(intron)이라고 부릅니다. 그리고 한때는 이 인트론을 쓸모없다는 의미를 담아 정크 DNA(Junk DNA)라고 부르기도 했습니다.

하지만 정크라고 무시받던 인트론이 사실은 인간 세포 속 DNA의 약 98%를 차지한다는 사실이 밝혀졌습니다. 거기다 '정크', 즉 쓰레기라고 불리기엔 그 양이 지나치게 많다는 것이 드러나면서 이에 대한 연구가 지속되었는데요. 그 결과, 인트론은 유전 정보가 없어 엑손처럼 단백질을 만들지 못할 뿐, DNA의 발현을 조절하는 등의 다양한 역할을 한다는 것이 밝혀졌습니다. 인트론에 대한 연구는 아직도 활발하게 진행 중입니다.

결국 인간의 게놈을 파악하기 위해선 엑손뿐 아니라 유전자로서 기능하지 않는(유전자의 기능만 없을 뿐 다양한 기능을 할 수 있음이 밝혀진) 인트론의 서열들 또한 정확히 알아야 하고, 돌연변이 또한 염두에 두어야 합니다. 그러니 그 어려움은 이루 말할 수 없겠죠. 그러나 먼 미래에 게놈 분석이 완벽히 된다면, 상상 이상의 일들이 일어날 겁니다.

5
데우스 엑스 마키나와
유전자 검사

'이춘재 연쇄살인사건(1986~1991)'은 대한민국 강력범죄 사상 최악의 장기미제사건으로 불렸으나, 2019년 9월 피해자들의 유류품에서 검출된 DNA 검사 결과 1995년 10월부터 24년째 부산교도소에서 복역 중인 이춘재가 용의자로 지목되면서 재수사가 급물살을 탔다. 여기에 이춘재의 자백 등이 이뤄지면서 용의자가 특정됐으며, 경찰은 2019년 12월, 사건 명칭을 기존 '화성연쇄살인사건'에서 '이춘재 연쇄살인사건'으로 변경했다. 그리고 마침내 경찰은 2020년 7월 2일 이춘재 사건 종합 수사 결과 발표를 통해 용의자로 특정한 이춘재가 범인임을 밝혔다.

- 출처: 이춘재 연쇄살인사건 (시사상식사전, pmg 지식엔진연구소)

데우스 엑스 마키나(deus ex machina)라는 말을 들어본 적이 있나요? 고대 그리스의 연극에서 종종 등장하는, 초자연적인 힘으로 위기를 극복하는 일종의 장치입니다. 과거 연극에서는 출생의 비밀을 풀기 위해 부모님을 찾아가는 주인공의 여정과, 주인공이 정말 친자가 맞는지 의심하는 부모와의 갈등을 다룬 서사극이 많이 있었습니다. 이 갈등은 모진 시련들을 거쳐 부모가 친자에게 남긴 증표, 또는 제3자의 개입으로 해결되곤 하죠. 하지만 현대에서는 어떨까요? 유전자 검사 한 번이면 친자임을 증명할 필요도 없이 모든 갈등이 해결됩니다. 과학적 방법이라는 차이가 있지만, 유전자 검사가 일종의 데우스 엑스 마키나인 것이죠. 유전자의 중요함에 대해선 이번 장에서 계속 등장했죠. 사람의 유전 연구 방법에 대한 연구는 오래전부터 활발히 이루어졌으며 특정 형질의 가계도 조사에서부터 분자생물학적 방법에 이르기까지 점차 발전해왔습니다. 아직 게놈 전체를 알 순 없지만, 유전자 일부라도 검사를 통해 알 수 있다면 사회 전반에 걸쳐 활용도가 상당히 높을 겁니다. 현대의 유전자 검사의 종류는 다양하며, 그 과정 또한 굉장히 전문적이고 복잡합니다. 여기에서는 대표적인 유전자 검사 방법의 원리와, 그리고 이를 어디에 활용하는지 몇 가지 예시와 함께 간단히 소개하겠습니다.

유전자 검사의 원리

드라마(특히 '막장 드라마'로 불리는)에서 우리는 친자확인 검사를
통해 모르는 타인이 알고 보니 친자식이거나, 심지어 친남매인
줄 알았던 사이가 알고 보니 이복남매라는 사실이 밝혀지는 장
면을 종종 보곤 합니다. 이 친자확인 검사는 대표적인 유전자 검
사 활용의 하나로, 사람의 세포의 특정 DNA 일부를 증폭하여 서
열의 일치 정도를 확인하는 검사입니다. 우리는 이 검사를 이해
하기 위해 바로 앞에서 다뤘던 '엑손'과 '인트론'을 다시 가져와
야 합니다.

'엑손' 부위는 특정 유전자를 지정합니다. 예를 들어 19번 염색
체에 있는 'EYCL1' 유전자는 홍채의 파랑색, 초록색을 발현합니
다. 이렇게 유전자를 지정하는 엑손은 사람마다 큰 차이가 없습
니다. 만약 어떤 사람이 돌연변이 등으로 인해 엑손 부위가 일반
사람들과 현저한 차이를 나타낸다면 이는 유전적 질환을 야기할
가능성이 높죠. 따라서 유전자 검사에 엑손 부위를 사용하는 경
우는 드뭅니다. 하지만 '인트론'이라면 어떨까요? 이 부분은 특
정 유전자를 지정하지 않기 때문에, 돌연변이 등이 일어나더라
도 큰 영향이 없습니다. 그렇기 때문에 사람들마다의 차이가 크
죠. 평균적으로 사람의 경우 1,000개당 한 개의 염기서열에 돌연

변이로 인한 차이가 생기는데, 이를 단일염기다형성(SNP)이라고 합니다. 이는 가끔 엑손에도 생길 수 있으나, 엑손이 실제 DNA에서 차지하는 범위가 좁기 때문에 대부분 비 유전자 부위에 집중되어 있습니다.

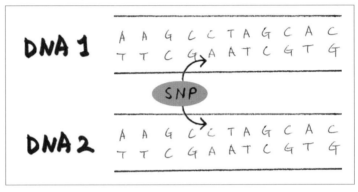

일러스트 : 하춘와

SNP는 수백, 수천 년 동안 조상 세대에서 자손에 이르기까지 유전되었기 때문에 조상에 따라 그 변이의 정도나 변이가 일어난 시기가 다릅니다. 따라서 같은 한국인이라도 어느 시점에서 SNP가 생겼는가에 따라 SNP의 개수나 종류가 다르겠죠. 그렇기 때문에 만약 DNA의 특정 범위를 인식하여 잘라내는 물질로 자르고 조각내면, SNP 부위의 차이로 인해 사람마다 다른 조각들이 생기게 됩니다. 이때 특정 범위를 인식하여 자르는 물질을 '제한 효소'라고 부르며, 만약 'GATA' 서열을 자르는 제한 효소가 있다면 SNP로 인해 GATA가 GATC로 바뀐 서열은 이 제한 효소가 자르지 못합니다.

친자확인을 위해 사용되는 특정 인트론 부위를 특정 제한 효소로 조각냈다고 가정합시다. 만약 확인 대상이 친자라면, 제한 효소가 잘라낸 조각들이 부모와 99.999% 일치하게 됩니다. 만약 친자가 아니라면 부모로부터 물려받지 않았기 때문에 서열이 조금은 달라지겠죠. 바로 이 방법이 가장 간단하고 대표적인 유전자 분석 방법인 SNP 분석법입니다.

대화의 수준을 끌어올리는 똑똑이 아이템 8

DNA 지문과 유전자 분석 방법

지문이란 사람마다 고유하게 가지고 있는 특성으로, 주민등록증 등을 만들 때 개개인을 식별하기 위해 씁니다. DNA 또한 어떤 단편에서 개개인에 따라 그 염기서열이 모두 다를 수 있기에 이 부위를 'DNA 지문'이라고 부릅니다. DNA 지문으로 사용되는 부위는 본문에서는 SNP를 소개했으나, 가장 보편적으로는 DNA에서 특정 부위에서 염기서열이 반복되는 부위인 'Tandem repeat'을 사용합니다. 이 중에서도 STR(Short Tandem Repeat)을 사용하죠. (좀 더 길 경우 VNTR이라고 부릅니다.) 자꾸 용어로 설명하니 어렵죠? 아래 그림처럼 사람들마다 고유한 STR의 반복 횟수를 활용하여 용의자를 효과적으로 찾아낼 수 있는 것입니다.

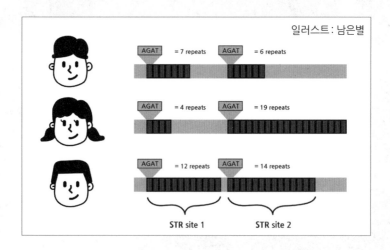

일러스트 : 남은별

6
유전자도 이름이 있다
- 유전자 기호

이름 자체가 특이한 '예쁜꼬마선충'의 알콜 저항성을 늘리는 돌연변이를 일으키는 유전자의 이름은 'JUDANG'입니다. 읽어 보면 바로 '주당'입니다. 실제로 이 유전자는 2008년 서울대학교 이준호 교수가 명명하였습니다. 실제로 BBRC(Biochemical and Biophysical Research Communications)에 발표한 해당 학술지의 본문에는 다음과 같은 문구가 있습니다.

These ethanol resistant mutants were named 'jud', the abbreviation of 'JUDANG'(a Korean word meaning "being tolerant to alcohol")

이러한 에탄올 저항성 돌연변이들은 '주당'(한국에서 알콜을 잘 견뎌낸다는 뜻을 가짐)의 약어인 jud로 명명되었다.

이름이란 무엇일까요? 사람이 어떤 대상을 다른 것과 구분하기 위해 표현하는 단어를 뜻합니다. 즉, 이름은 그 대상의 특징이 잘 드러날수록 기억하기 좋다고 할 수 있죠. 지구상의 생명체 중에서 사람만이 다른 대상의 이름을 붙여주고, 사용한다는 점에서 특별하기도 합니다.

이것은 이름의 사전적 정의일 뿐이고, 실제로 이름에는 그 사람의 정체성과 얼이 담겨 있다고 할 정도죠. 심지어 나라마다 이름 짓는 방식과 의미가 다르다는 것은 다양한 문화에서도 이름이라는 존재는 많은 의의를 지닌다는 증거입니다. 우리나라에서는 좋은 이름을 위해 다양한 학문을 활용하는 작명소를 찾아가기도 하니까요.

유전자에 붙이는 특별한 이름

우리가 지금까지 이야기한 유전자에도 각각의 이름이 있습니다. 이를 '유전자 기호'라고 부르며, 그 뜻은 '어떤 형질을 지배하는 유전자에 부여된 이름 및 부호'입니다. 유전자 기호의 필요성은 그 종류가 다양하다는 것을 알고 학문적으로 활용하기 위함인데, 1957년에 처음 학자들이 모여 유전자 기호와 명명법에 대한 회의를 하였고 처음으로 유전자 기호와 명명법에 대한 대략적인 가이드 라인을 제시하였습니다.

이후 꽤 오랜 세월을 거쳐 1979년, 영국 에딘버러 모임에서 전체적인 가이드 라인을 발표하게 됩니다. 몇 번의 개정을 거쳐 오늘날에는 인간 게놈 유전자 명명법 위원회(HGNC, HUGO Gene Nomenclature Committee)에서 새로이 밝혀지는 유전자에 대한 승인과 유전자 기호의 결정권을 가집니다. 2021년 현재 밝혀진 유전자는 약 4만 개에 이르며, 활발한 연구에 따라 그 수는 계속 증가하고 있습니다.

사실 유전자 기호를 표기하는 법은 생물 종마다 다르고 그 수 또한 방대하기 때문에 몇 가지 규칙만으로 모든 유전자의 이름을 붙이기에는 어려움이 있습니다. 보통 사람의 유전자 명명법을 주로 활용하는데, 본문에서 소개한 인간 게놈 유전자 명명법 위원회(HGNC)에서는 아래의 몇 가지 규칙에 따라 명명합니다.

①각 유전자 기호는 고유해야 한다.
②유전자 기호는 서술적 유전자명의 단형 표현(또는 약어)

이다.

③기호는 로마자 및 아라비아 숫자만 포함해야 한다.

④기호에 문장 부호를 포함해서는 안 된다.

⑤기호는 유전자에 "G"를 포함해서는 안 된다.

예를 들어, 첫 글귀에서 소개한 '주당(JUDANG)' 유전자는 서술적 유전자명이 judang이고, 명명법에 따라 'jud'라는 기호로 표현합니다. 유전자의 서술적 이름은 처음 발견하는 사람에게 그 자율권이 주어지기 때문에 주당을 비롯하여 재미있는 유전자 이름이 많이 존재합니다. 그중 몇 가지만 소개하겠습니다.

소닉 헤지호그 유전자(SSH)

1978년 hedgehog 유전자군이 처음 발견되고, 이후 상동성을 갖는 포유류 유전자인 indian hedgehog(IHH), desert hedgehog(DHH), 그리고 Sonic hedgehog(SHH)가 발견되었습니다. 이 중 앞의 둘은 실제 존재하는 동물의 이름에서 따왔으나, SHH 유전자는 실제로 존재하는 동물이 아닌 게임 캐릭터에서 따온 이름입니다. 1993년 Cell에 게재된 논문을 보면, SHH 유전자의 이름을 'Sega사의 컴퓨터 게임 캐릭터에서 따왔다(after the Sega computer game cartoon character)'라고 언급하고 있습니다. 맞습니다. 바로 우리가 알고 있는 그 소닉입니다. 하버드대 유전학부 교수인 클리프 타빌(Cliff Tabil)이 그의 실험실에서 처음 이 유전자를 얻어냈고, 작명권을 가지게 됐습니다. 이때 연구원 중 한 명인 로버트 리들(Robert Riddle)과 이름을 가지고 논의하게 되는데, 그의 딸이 영국에서 가져온 소닉 만화책을 보고 이름을 SHH로 지었다고 합니다. 뒤에 붙은 헤지호그(hedgehog)는 고슴도치를 뜻하는데요, 초파리를 이용한 유전자 연구에서 이 유전자에 이상이 생기면 초파리 유충의 등 부분에 돌기들이 난다고 합니다. 이 모습이 마치 고슴도치를 연상시킨다고 해서 유래되었습니다. 참고로, SSH 유전자를 억제하는 물질 중 하나는 로보트니키닌(Robotnikinin)으로, 이 또한 만화 소닉에서 악당으로 등장하는 '닥터 에그맨'의 성(family name)입니다. 이름 참 재미있게 잘 지었네요.

피카츄린(EGFLAM)

이름부터 친숙한 피카츄린은 눈에서 망막의 신경을 구성하는 단백질 및 이를 암호화하는 유전자의 이름으로, 만화 포켓몬스터에 등장하는 '피카츄'에서 따왔습니다. 2008년 일본의 사토 시게루(Sato Sageru) 및 그의 연구진들이 발견하였으며, 연구진들은

'피카츄의 번개처럼 빠른 움직임과 충격적 전기 효과(lightning-fast moves and shocking electric effects)'에서 영감을 얻었다고 합니다. 그렇다면 이 피카츄린은 어떤 역할을 하는 것일까요? 시각, 그중에서도 바로 동체시력의 기능을 조절하는 유전자 중 하나입니다. 피카츄린의 발견은 2008년 8월 〈네이처 유로사이언스〉의 표지에 실릴 정도로 대단했죠.

Zbtb7

이번에는 유전자 이름을 재밌게 지으려다 실패한 사례를 소개합니다. Zbtb7 유전자의 초창기 이름은 'POK Erythroid Myeloid ONtogenic factor'이었습니다. 세계에서 가장 큰 암 센터 중 하나인 뉴욕의 메모리얼 슬로언 케터링 암 센터(Memorial Sloan Kettering Cancer Center)에서 발견한 이 유전자는 암을 유발하는 데에 관여하는 단백질을 암호화하는 유전자로, 위의 이름을 축약하여 쓰면 다름 아닌 'POKEMON'이 됩니다. 네. 바로 그 포켓몬입니다. 암으로 인해 부정적인 인식을 끼칠 수 있다 하여 분쟁 끝에 결국 이름이 zbtb7로 바뀌게 되었답니다.

대화의 수준을 끌어올리는 똑똑이 아이템 9

유전자 기호 백과사전

HGNC 공식 홈페이지(https://www.genenames.org)에서 다양한 유전자를 검색할 수 있습니다. 예를 들어 본문에서 소개한 소닉 헤지호그 유전자(SHH)를 검색하면 다음과 같은 창이 뜨는데, 각 항목이 나타내는 내용은 다음과 같습니다.

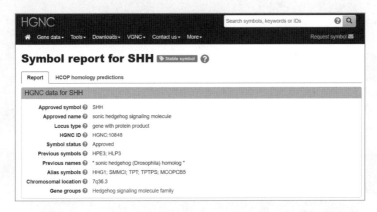

– 출처 : HGNC 홈페이지(https://www.genenames.org/)

Approved symbol: HGNC에서 정식 승인된 유전자 기호를 나타냅니다.

Approved name: HGNC에서 정식 승인된 서술적 유전자명을 나타냅니다.

locus type: RNA에 속한 유전자, DNA에 속한 유전자 등 HGNC가 정한 몇 가지 클래스 중 어디에 속했는지 나타냅니다. 'gene with protein product'는 이 유전자가 단백질을 생성함을 알 수 있습니다.

HGNC ID: HGNC에서 부여한 고유 식별 코드입니다.

Symbol status: HGNC가 정식으로 승인했는지(Approved)를 나타냅니다.

Previous symbols: HGNC가 이전에 과거의 방식으로 부여한 유전자 기호를 나타냅니다.

Alias symbols: 유전자를 나타내는 대체 기호로, 다른 논문 등 문헌에서 사용한 기호입니다.

Chromosomal location: 염색체에서 유전자 또는 영역의 세포유전학적 위치를 나타냅니다.

Gene groups: HGNC가 묶은 유전자 그룹 중 어디에 속하는지를 나타냅니다.

이외에도 유전자 검색에 유용한 사이트 두 가지를 더 소개합니다.

- 미국 국립생물공학정보센터 유전자 코너 : https://www.ncbi.nlm.nih.gov/gene/

- 교토 유전자, 유전체 백과사전 : https://www.genome.jp/kegg/kegg2.html

크리스퍼 유전자 가위 기술

3장

1
크리스퍼(CRISPR)는
바삭바삭할까?

크리스퍼 유전자 가위(CRISPR-Cas9)는 특정 DNA 염기서열에 맞는 RNA 형태의 크리스퍼를 연구실에서 만들어 카스나인에 집어넣는 방법입니다. 크리스퍼 유전자 가위는 잘라낼 염기서열로 안내하는 가이드 RNA와 RNA가 데려간 곳을 직접 자르는 카스나인으로 제작한 단백질 분자입니다. 그러므로 특정 단백질을 자르려면 그에 맞는 크리스퍼 유전자 가위를 만들어야 합니다. 컴퓨터로 문서를 편집할 때 자주 쓰는 '찾아 바꾸기' 기능을 떠올려 보세요. 이 기능은 문서 분량이 많아서 특정 문자열을 찾기가 힘든 경우에 사용합니다. 이처럼 찾는 문자열과 바꿀 문자열을 합친 기능을 '크리스퍼 유전자 가위'의 역할이라고 이해하면 됩니다.

그렇다면 크리스퍼(CRISPR)와 카스나인(Cas9)이 무엇이며 어떤 역할을 하는지를 알아야 하겠지요.

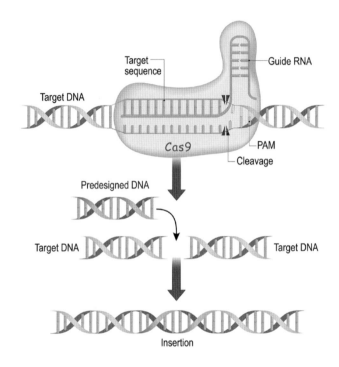

크리스퍼를 해독하라

이제부터 '유전자 가위 기술의 신비한 세계'를 체험하려고 합니다. 그런데 암호를 풀어야 출입문으로 들어갈 수가 있어요. 암호는 '크리스퍼(CRISPR)'입니다. 여러분은 문지기에게 질문만 던질 수 있습니다. 이 암호를 해독해 봅시다.

"어떤 물질을 뒤섞는다는 의미인가요?"

"바삭바삭한 과자 이름인가요?"

"크리스마스에 일어난 사건을 말하는 것 같아요."

"땡!"

힌트를 주자면 크리스퍼는 어떤 문장의 첫 글자를 조합한 단어입니다. 이제부터 답을 유도하는 질문을 한가지씩 해보세요.

"유전자와 관련이 있습니까?"

"예."

"사람의 유전자에 있습니까?"

"예. 모든 종의 생물체에서 발견됩니다."

"유전자 이름입니까?"

"아닙니다."

"그럼 유전자가 생긴 모양입니까?"

"와! 정답에 가까워지고 있습니다."

"어떤 문장의 첫 글자를 따서 만들었다고 했는데, 문장의 뜻은 무엇인가요?"

"규칙적인 간격을 갖고 분포하는 짧은 회문구조의 반복 염기서열이라고 합니다."

"영어로 된 완성 문장을 말씀해주세요."

"Clusters of Regularly Interspaced Short Palindromic Repeats."

"CRISPR! 맞지요? 생물체들의 유전자를 광학현미경으로 관찰하면 특이한 구조가 나타나는데 이 구조를 CRISPR이라고 하는군요!"

"딩동댕! 이제부터 유전자 가위 기술을 공부해도 이해를 잘할 수 있을 것 같아요."

"이해가 안 됩니다. 예를 들면 어떤 구조인가요?"

"토마토, 아 좋다 좋아, LEVEL, SENILE FELINES. 이 단어는 바로 읽어도 뒤에서 읽어도 같이 읽히는 구조입니다. 유전자의 염기서열에서 이런 구조가 계속 반복된다고 해요."

"그럼 영어 단어를 풀어서 해석하면 이해가 되겠네요!"

"빙고!"

CRISPR를 해석하여 봅시다.

Clustered: 유전체에 모여 있다.

Regularly Interspace: 반복서열 사이에 독특한 DNA 조각이 끼어 있다.

Short : 염기쌍수가 20~40개 정도로 짧다.

Palindromic : 앞에서 읽으나 위에서 읽으나 똑같다.

Repeats : 동일한 것이 반복 된다.

세균의 유전체를 살펴보았더니 무리지어 있는 DNA 염기서열이 있었어요. 이 DNA 염기서열들은 반복되어 나타났는데 그 사이에 독특한 DNA 염기서열이 있었지요. 그들은 아주 짧은 20~40개의 조각서열이었는데 재미있게도 앞에서 읽어나 뒤에서 읽으나 똑같은 구조로 되어 있더라는 겁니다. 이것을 이름지어 크리스퍼라고 했습니다.

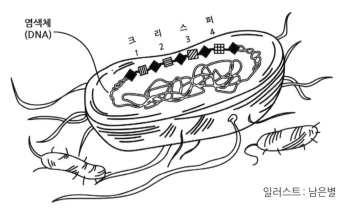

일러스트 : 남은별

세균 세포 속 크리스퍼

사실은 크리스퍼 유전자 가위를 최초로 만든 연구자 다우드나도 도저히 이해가 안 되어 세균학자에게 물었다고 해요. 그랬더니 세균학자 질리언이 앞의 그림 한 장을 보내주었지요.

세균 염색체의 모형이 마름모와 사각형으로 단순화하여 그려져 있어요. 염색체의 한 부분에 마름모와 사각형의 띠가 모여있죠? 마름모는 짧은 반복서열이고, 사각형은 반복서열을 규칙적으로 끊어주는 간격에 해당하는 서열입니다. 5단 샌드위치를 떠올려보세요. 빵-달걀-빵-참치-빵-야채-빵-소고기-빵으로 구성되어 있다면 빵은 짧은 반복서열이고 빵 사이의 내용물은 반복서열을 끊어주는 간격입니다.

세균의 DNA 서열은 이처럼 균일성을 나타내면서 정확하게 반복된다고 합니다. 모든 반복서열이 정확하게 똑같아요. 인간의 유전체에도 50% 이상은 다양한 크리스퍼 서열이 존재합니다. 몇몇 서열은 수백만 번씩 반복되는 곳도 있답니다. 이 반복되는 서열, 즉 크리스퍼는 무슨 일을 하며 유전자 가위와 어떻게 연결이 될까요? 그럼 출입문을 열겠습니다.

승리의 징표, 크리스퍼

세균에서 관찰된 크리스퍼는 세균이 바이러스의 DNA를 저장해 두는 장소입니다. 세균이 바이러스의 DNA를 보관하고 있다고요? 그러니까 사람이 바이러스 면역을 기르기 위해 예방주사를 맞았을 때 몸속에 바이러스의 항체가 형성되는 것과 같은 원리랍니다. 크리스퍼 유전자 가위는 바이러스란 녀석이 세균을 침범했을 때 세균이 바이러스를 퇴치하고 면역을 기르는 과정에서 아이디어를 얻었답니다.

바이러스는 크기가 30~300nm(나노미터: 10억 분의 1미터)인데 RNA와 DNA를 가지고 있습니다. 그러나 스스로 증식하지는 못해요. 그러니까 숙주세포가 필요하지요. 다른 생명체에 들어가서 유전자를 번식하려고 합니다. 코로나19 바이러스처럼 사람의 호흡기를 통하여 인체에 들어와서 증식을 하기도 합니다. 이 과정에서 감염증상이 나타나고 또 다른 사람을 감염시키는 것이죠.

바이러스가 세균(박테리아)에 침입을 하면 세균은 온 힘을 다해 퇴치하려고 할 겁니다. 보이지 않는 전쟁이 일어나는 겁니다. 바이러스를 죽이느냐 바이러스에게 죽임을 당하느냐, 이기거나 아니면 죽는 거죠. 세균은 항상 바이러스의 공격에 대비합니다. 카멜레온처럼 몸을 변형시키기도 하고, 어떤 개체는 보호막을 형성하여 바이러스가 침입하지 못하도록 합니다. 바이러스와 함께 자폭을 하는 이타적인 세균도 있다고 해요. 이때 세균이 바이러스에게 이기면 재빠르게 바이러스의 DNA를 몸속에 새겨넣습니다. 만일 다음에 같은 바이러스가 들어오면 대조하여 조각내어 죽인다고 합니다. 세균에 있는 크리스퍼는 공격당한 바이러스의 DNA 저장소입니다.

요거트 회사에 손을 들어 주겠어!

크리스퍼를 누가 발견했느냐는 중요하지 않습니다. 크리스퍼가 하는 역할을 누가 알아냈느냐가 더 중요합니다. 지금은 스페인 알리칸테 대학교의 미생물학자인 프란시스코 모히카(Francisco Mojica)는 1980년대 말, 어느 지방대학교 미생물학과에서 염분에 잘 견디는 할로페락스라는 미생물의 유전체를 연구하던 연구원이었습니다. 그는 연구 중에 이 미생물의 DNA에서 독특하게 반복되는 구조를 발견했어요. 당시 그 기능은 알지 못했지만 막연히 박테리아의 면역 체계와 관련이 있을 것이라는 논문을 학술지에 보냈고 거절당했습니다. 20년이 지난 2005년에 어느 생물학술지에 실리게 되었고, 그 후 모히카는 얀센 연구소에서 일하며 'CRISPR'라는 이름을 최초로 붙이게 되었습니다.

1987년 소우 이시노 일본 오사카대 교수는 대장균의 유전체에서 이 특이한 구조를 발견했어요. 크리스퍼였지요. 하지만 그는 이 서열의 존재를 그다지 중요하게 생각하지 않았다고 합니다.

1990년대 이후 크리스퍼의 존재를 발견했다는 연구는 많았으나 크리스퍼가 하는 일을 규명하지 못했습니다. 이후 크리스퍼가 박테리오파지(바이러스)에 대응하기 위한 박테리아(세균)의 적응면역의 일종이라는 사실을 알아냈는데요. 이를 밝혀낸 사람은 바로 덴마크의 다니스코(Danisco)라는 요거트 회사의 연구진이었습니다. 요거트는 유산균이 생명이지요. 만일 요거트를 발효시키는 도중에 박테리오파지에 감염되면 유산균은 떼죽음을 당합니다. 바이러스의 집단감염이지요. 유산균의 전멸을 막기 위해 연구하던 중 박테리오파지에서 살아남은 일부의 유산균을 발견하게 되었고, 그 유산균으로 요거트를 만드는데 성공했습니다. 연구진들은 유산균이 어떻게 박테리오파지를 이겨내고 살아남았는지 연구를 거듭한 끝에 유산균의 DNA에서 박테리오파지의 DNA를 발견하였지요. 유산균의 유전체에 박테리오파지의 염기서열이 기록되어 있었으며, 캐스(Cas)라는 단백질이 유산균이 적응면역 능력을 갖는다는 연구를 발표했습니다.

그럼 최초의 크리스퍼 발견자는 누구일까요? 바로 다니코스사의 연구진이었습니다.

2
Cas(CRISPR-associated)9
유전자

이들의 연구가 바탕이 되어 2012년 다우드나(Doudna)와 샤르팡티에(E. Charpentier) 교수가 '세균에 기억된 바이러스 DNA가 RNA로 전사되고, 세균의 카스나인(Cas9) 단백질과 결합해 외부에서 공격한 바이러스의 DNA를 인식해 잘라준다'는 사실을 증명하면서 지금의 '크리스퍼 유전자 가위'가 탄생했습니다. 자, 이제부터 유전자 가위에 대한 궁금증을 질문으로 풀어나가도록 하겠습니다.

크리스퍼 유전자 가위는 어떤 모양일까?

여러분은 유전자 가위가 어떤 모양인 것 같나요? 가위는 어떤
물체를 자르는 것이 속성이죠? 유전자 가위도 어떤 물질을 자릅
니다. 무엇을 자른다고요? 유전자를 자르지요. 유전자는 단백질
분자이며 가위도 단백질 효소입니다. 유전자는 눈으로 볼 수 없
습니다. 자르는 과정은 과학자들도 현미경으로도 볼 수 없습니
다. 최근에 일본 연구자가 원자력 현미경으로 카스나인이 유전자
를 자르는 현상을 학회에서 발표했는데 참석한 과학자들은 생애
최초로 유전자가 잘리는 모습을 목격했답니다. 카스나인은 유전
자의 특정 단백질을 잘라내는 효소입니다.

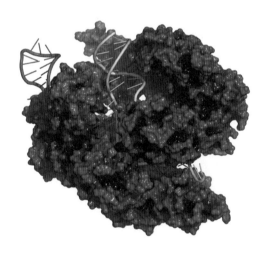

앞의 그림에서 짙은색 구름같이 생긴 부분이 카스나인 단백질 효소를 상상해서 표현한 모습입니다.

세균이 바이러스를 산산이 조각낼 때도 카스나인이 역할을 했을까?

카스나인은 크리스퍼 뒤에 숨어있는 실력자입니다. 카스나인 이란 크리스퍼와 연관된 단백질입니다. 이 단백질은 크리스퍼 바로 옆에 붙어 있습니다. 카스나인 유전자 중 일부는 DNA 이중나선을 지퍼를 열듯이 열고, 다른 카스나인 유전자들은 DNA를 자르는 단백질을 만듭니다.

이 단백질을 합쳐서 카스 복합체라고합니다. 카스복합체는 여러 종류가 있어요. 여기서는 크리스퍼 유전자 가위에서는 최초로 카스나인이 사용되었습니다.

대화의 수준을 끌어올리는 똑똑이 아이템 10

유전자 가위는 이미 있었다

제한 효소

제한 효소는 특정 DNA 염기서열을 인식하고 잘라내는 효소 가위의 이름입니다. 초기의 과학자들은 제한 효소가 DNA를 잘라내는 가위 기능만 발견했어요. 이를 초기 DNA 가위라고 부릅니다. 제한 효소는 미생물학자 베르너 아르버(Werner Arber)가 1962년에 발견하였고, 이 연구로 1978년 노벨생리의학상을 받았습니다. 가위는 용도에 따라 천을 자르는 가위, 나무를 자르는 가위, 철판을 자르는 가위 등 재질에 따라 다른 가위를 사용해야 하듯이 제한 효소도 각각 용도가 다릅니다. 바로 제한 효소가 가위라고 해도 염기서열을 마음대로 자르지 않는다는 것이지요.

미국의 미생물학자미국의 생물학자 해밀턴 오서널 스미스(Hamilton Othanel Smith) 박사는 박테리오파지를 연구하다가 특정 부위만 잘라내는 가위를 발견했습니다. 이를 제2형 제한 효소라고 했어요. 특정 염기서열만을 자르기 때문에 제한 효소랍니다. 지금까지 제한 효소는 200여 종류 이상 발견되었습니다.

제한 효소를 가장 잘 응용한 기술이 유전자 재조합 기술입니다. 1972년 폴 버그(Paul Berg)는 제한 효소와 연결 효소를 이용해 서로 다른 종류의 DNA를 이어 붙여 최초로 인공 재조합 유전자를 만들었습니다. 버그는 1980년에 노벨화학상을 받았습니다.

　제한 효소는 4~8개의 염기서열만을 인식하기 때문에 인간의 유전체에서는 사용할 수 없다는 한계가 있습니다. 또한 유전체의 원하지 않는 부분까지 자르는 경우가 있어서 여러 가지 다른 변이를 만들 수도 있습니다. 하지만 제한 효소를 이용하여 인슐린이나 인터페론 등을 생산하거나, 식물의 형질전환으로 수확량과 저항성이 높은 유전자 조작 식물을 만들고 있습니다.

제1세대, 징크 핑거 뉴클레이즈(ZFNs)

　징크 핑거는 1990년대에 처음 등장한 최초의 유전자 가위 기술입니다. 미국 존스홉킨스대학교의 박사후연구원이던 찬드라세카(Chandrasekar)는 과학자는 징크핑거의 'DNA 인식 능력'과 제한 효소의 'DNA 절단 능력'을 결합하여 마침내 징크 핑거 뉴클레이즈(ZFNs)라는 유전자 가위를 만들었습니다. 즉 DNA와 결합할 수 있는 단백질과 아연이온으로 구성된 분자 기계입니다.

　원래 징크 핑거는 대부분의 진핵 세포에서 유전자의 발현을 조절하는 전사 인자의 이름이었다고 해요. 전사 인자는 유전자 발현을 조절하기 위해 유전자 앞에 위치하는 스위치에 해당하는 특정 DNA 염기서열과 결합합니다. 징크 핑거는 전사 인자의 DNA와 결합하는 이 부분에 존재하는 구조 중 하나랍니다. 이 단백질은 아프리카 발톱개구리에서 처음 발견되었답니다. 손가락처럼 기다란 고리 모양이 DNA를 움켜잡고 결합한다고 합니다. 이 단백질 구조의 모양 때문에 징크 핑거(zinc finger, 아연 손가락)라는 이름이 만들어졌다고 하네요. 이 징크 핑거에 비특이적인 DNA 절단 효소를 인위적으로 연결해 유전자 가위로 개발한 것이지요.

이 가위는 8~10개의 염기서열을 인식해 잘라낼 수 있었습니다. 4~8개의 염기서열을 인식해 잘라내는 제한 효소보다 업그레이드된 가위 기술이었지요. 그러나 성능이 좋다고는 해도 여전히 설계가 어렵고 비용이 많이 들었으며 원치 않은 곳을 자르는 오류가 있었습니다.

이 유전자 가위는 2000년대 초반부터 유전자 교정기술로 이용되기 시작하여 후천성면역결핍증(AIDS), 혈우병, 알츠하이머병 등의 유전적 치료에 활용되고 있습니다.

제2세대, 탈렌(TALENs)

탈렌은 크리스퍼가 등장하기 이전인 2010년 전후로 개발된 유전자 가위입니다. 탈렌은 특정 염기서열을 인식하는 탈 이펙트(TAL effector) 부분과 DNA의 염기서열을 자르는 핵산 내부 분해 효소로 구성된 단백질 복합체를 일컫습니다.

탈렌은 식물성 병원체인 잔토모나스를 이용하여 개발된 단백질입니다. 탈렌은 세포 내에서 자연적으로 일어나는 방식처럼 대상 DNA의 염기서열과 정확하게 일대일로 대응합니다. 탈렌을 구성하는 아미노산을 임의로 변경하면 결합대상이 되는 염기서열도 바뀌므로 이 단백질을 맞춤식으로 변형할 수 있습니다.

탈렌이 DNA를 절단하기 위해서 사용하는 효소는 'FokI'입니다. FokI를 이용하면 인간의 DNA에 특이적으로 결합하는 탈렌을 쉽게 설계할 수 있다고 합니다. 그러나 표적 유전자를 변형하기는 쉽지만, 여전히 단백질 분자가 너무 커서 다루기가 어렵고 세포에 삽입하기 어려운 단점이 있다고 합니다. 장점은 별도의 가공이나 확장 과정이 없이 12개의 DNA 염기와 결합하여 DNA 염기를 인식할 수 있고, 인간의 DNA 일부를 인식하기에 충분하다고 합니다. 따라서 탈렌은 징크 핑거 뉴클레이즈를 추월하게 되었습니다.

과학자들은 탈렌이 만든 돌연변이를 이용하여 질병을 모델링하는 세포 주를 만들어냈습니다. 탈렌은 특정 유전자의 돌연변이가 세포에 미치는 영향을 추적하는 데 유리하여 현재 C형 간염과 고콜레스테롤 혈증, 인슐린 민감성 등과 같은 질병 치료에 활용되고 있습니다.

3
크리스퍼 유전자 가위는
어떻게 만들까?

크리스퍼는 크게 두 가지 구성 요소로 이뤄져 있습니다. 원하는 DNA를 찾을 수 있게 정보를 담고 있는 부위와 DNA를 실제로 잘라내는 절단 효소로 구성됩니다. 실제로 원하는 DNA란 편집하려는 부분입니다. 여러분이 운동을 하다 넘어져서 청바지가 찢어졌다고 생각해보세요. 손상된 부분에 다른 천을 대고 기워야하겠죠? 이럴 때 준비해야 할 천이 바지와 같은 재질이어야 한다면 유전자 가위에서는 표적 유전자인 셈이죠. 실제 바느질 도구는 카스나인인 셈이고요. 크리스퍼 유전자 가위에서 표적 유전자는 필요에 따라 그때그때 달라질 겁니다. 그래도 카스나인은 공통으로 사용할 수 있겠지요?

따라서 카스나인 단백질이 많이 필요할 겁니다. 카스나인은 대장균주의 플라스미드에 끼워 넣어 대장균을 번식을 시킵니다. 그리고 대장균의 유전자에서 카스나인을 분리하여 대량 생산합니다. 유전자를 연구하는 생화학자들은 대장균을 이용하여 실험을 하는데요, 이는 대장균에 특이하게 있는 플라스미스라는 부분 때문입니다. 플라스미스는 세균끼리 유전자를 주고받을 때 사용하는 고리 모양의 유전체입니다. 이는 유전자 재조합에 사용되는 필수 기술입니다. 이 원리를 이용하여 당뇨병 치료에 쓰이는 인슐린을 대량으로 생산합니다. 이제 표적 RNA와 카스나인을 결합하여 분자 기계를 만들 차례입니다. 여기서 궁금한 점이 생기지

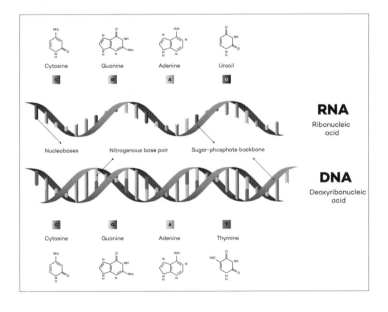

요? 편집해야 할 부분은 DNA인데 왜 RNA와 결합할까요?

RNA는 리보핵산의 줄임말로 RNA는 한 가닥으로 된 분자입니다. RNA는 DNA의 유전 정보 복사한 다음, 단백질을 만들기 위해 필요한 정보를 전달합니다. 이 과정을 '전사(transcription)'라고 부르지요.

크리스퍼 유전자 가위는 교정해야 할 유전자 부위를 찾아주는 '가이드 RNA'와 표적 부위를 실제로 자르는 절단 효소로 구성된다고 했지요? 그럼 이 분자 도구는 표적 유전자의 대상에 따라 맞춤형으로 실험실에서 제작하면 되겠군요. 예를 들어보겠습니다. 낫형 적혈구 빈혈증은 적혈구 속 헤모글로빈을 만드는 유전자에 문제가 있어 중증혈액장애를 가져오는 유전질환입니다. 낫형 적혈구 빈혈증에 사용될 크리스퍼는 어떻게 만들면 될까요? 유전자의 문제 부위와 염기서열이 일치하는 크리스퍼를 만들어 카스나인에 집어 넣으면 크리스퍼 유전자 가위가 만들어집니다. 여기까지가 낫형 적혈구 빈혈증의 크리스퍼 유전자 가위를 만드는 과정입니다. 이 유전자 가위를 이용하여 낫형세포병을 치료하려면 환자의 혈액줄기세포를 채취하여 크리스퍼 유전자 가위로 결함이 있는 염기서열을 잘라내고 그 빈 곳에 정상 DNA를 집어 넣습니다. 그러면 줄기세포가 건강한 적혈구를 만들어내어 환자가 살아 있는 동안은 혈액이 몸 구석구석에 잘 전달될 것입니다.

유전자 가위의 원천 기술의 진화는 계속된다

우리나라에도 크리스퍼 유전자 가위 기술의 일인자가 있습니다. 바로 서울대학교 교수이자 IBS 유전체 교정 연구단장인 김진수 교수입니다. 김진수 교수도 비슷한 시기에 크리스퍼 유전자 가위 기술을 미국 특허청에 특허를 신청했습니다. 그러나 몇 번의 우여곡절 끝에 8년 만인 2021년에 허가를 받았어요. 또 지난 2016년에 카스나인보다 유전자 교정 정확도가 더 뛰어난 유전자 가위인 Cpf1을 〈네이처〉에 발표하기도 했습니다. Cpf1은 카스나인과는 다른 PAM 서열을 인식하므로, 크리스퍼 카스나인이 자를 수 없는 염기서열까지 표적화할 수 있다고 해요. 오류율도 현저하게 낮아져 크리스퍼 유전자 가위의 활용 범위가 더 확장된 거죠.

이후 UC버클리의 제니퍼 다우드나 교수는 CasX라는 새로운 효소를 규명하고 〈네이처〉에 발표했어요. 과학자들에 의해 크리스퍼 유전자 가위 기술은 점점 더 정교하게 발전되고 있습니다.

가장 최근에는 브로드 인스티튜트(Broad Institute)의 생화학자 데이비드 류(David R. Liu) 교수팀이 개발한 프라임 에디팅(prime editing)기술이 유전자 치료를 할 수 있는 획기적인 도구로 떠오르고 있습니다. 이 유전자 가위 기술은 표적 유전자에 손상을 주지

않으면서 자연스럽게 새로운 유전자 염기서열을 DNA에 주입할
수 있는 기술인데요. DNA 안에서 문제가 되고 있는 염기서열을
제거하는 것을 쉽게 할 수 있는 기술입니다.

　크리스퍼 가위 기술은 차츰 더 향상된 기술로 거듭나고 있습니
다. 유전자 접착제가 만들어지거나 유전자 지우개가 나오지 않을
까요? 아니면 특수 바느질 기술이나 꼼짝없이 묶는 기술은 어떤
가요? 다음 연구자들의 몫이 되겠네요.

크리스퍼 유전자 가위 기술의 위력

4장

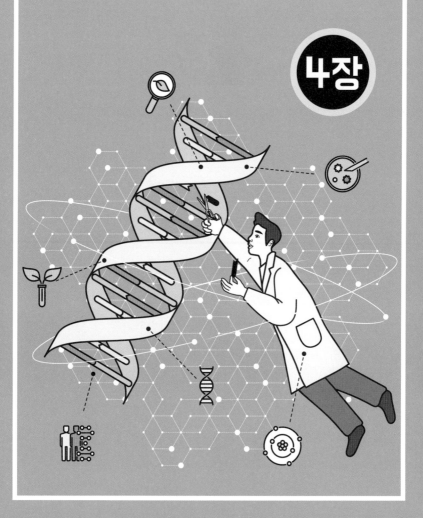

1
유전 질환
손 들어!

유럽 황실을 공포에 떨게 만든 혈우병

영국의 빅토리아 여왕의 막내딸인 베아트리스 공주의 아들 레오폴드 마운트배튼(Lord Leopold Mountbatten)은 혈우병을 가지고 태어났습니다. 혈우병은 피가 잘 응고되지 않는 유전병이죠. 쉽게 말해서 상처에 금방 딱지가 생기는 일반인과 달리, 혈우병 환자들은 붕대를 감고 오랜 세월이 지나야 겨우 상처가 아뭅니다. 심해지면 작은 상처도 치명적이며, 자발적인 출혈도 발생하기 때문에 합병증으로 뇌출혈을 동반하는 아주 위험한 질환입니다. 혈우병의 원인은 X염색체의 유전자 돌연변이로(X'로 표기합니다),

열성으로 유전됩니다. 열성 유전은 쉽게 말해서 만약 한 쌍의 염색체에서 정상인 유전자가 하나라도 있을 시 유전병이 발현되지 않는 유전이죠. 염색체는 부모님께 각각 한 개씩 물려받게 되는데, 성염색체도 마찬가지입니다. 즉 여자의 성염색체가 XX이고 남자의 성염색체가 XY이므로 여자는 어머니의 X염색체와 아버지의 X염색체를 하나씩 물려받았으며, 남자는 아버지의 Y염색체를 물려받으므로 X염색체는 무조건 어머니로부터 왔다는 사실을 알 수 있습니다. 여자는 하나의 X염색체가 혈우병 유전자를 가져도 혈우병 증상이 크게 나타나진 않습니다.(X'X, 이를 '보인자'라고 합니다.) 하지만 남자는 단 하나의 X염색체가 혈우병 유전자를 가져도(X'Y) X염색체가 한 개뿐인데다가 유전병 유전자를 지녔기 때문에 혈우병을 앓게 됩니다. 빅토리아 여왕이 바로 이 혈우병 유전 인자를 가진 '보인자'였던 것이죠. 그녀의 딸들이 유럽 각지로 시집을 가며 유전 인자를 퍼뜨린 탓에 한동안 유럽 황실이 혈우병으로 고통받기도 했답니다. 레오폴드는 바로 빅토리아 여왕의 혈우병 인자를 물려받은 셈이죠. 이처럼 유전병은 앓을 운명을 타고나는 참 애달픈 병입니다.

유전 질환도 극복할 수 있다

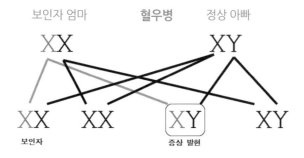

보인자 엄마　　　**혈우병**　　　정상 아빠

XX　　　　　　　XY

XX　　XX　　XY　　XY

보인자　　　　　증상 발현

　　하지만 앞 장에서 소개한 크리스퍼 유전자 가위의 개발로, 이 유전병은 아마 생각보다 훨씬 빨리 해결될 수 있을지도 모릅니다. 방법은 간단합니다. 문제가 되는 유전자 DNA 서열만을 골라 싹뚝 잘라낸 뒤 수선하기만 하면 됩니다. 이전 세대의 유전자 가위 기술로는 사실 사람의 유전 질환까지 해결하기에는 어려움이 많았습니다. 비유하자면 이제야 욕실 변기를 고칠 수 있게 됐는데, 집 전체를 수리하라는 것과 비슷한 상황이었죠. 그 비용도 어마어마했고요. 하지만 크리스퍼 유전자 가위 기술을 통해 저렴한 비용으로 수선이 가능해졌습니다. 혈우병뿐 아니라 어쩌면 골수종, 육종 등의 난치병 또한 극복이 가능해질지도 모르겠네요. 물론 32억 쌍이나 되는 염기로 구성된 인간 유전체에서 유전병의 원인이 되는 소수의 염기만 교체해야 하기 때문에 필요한 기술력은 어마어마합니다. 또한 임상시험이 필수적으로 진행되어야 하는데요, 이미 2019년 7월 미식품의약국(FDA)에서 크리스퍼 유전자 가위의 체내 임상시험을 승인했습니다. 가장 대표적인 사례로 에디타스 메디슨(Editas medicine)사에서 선천성 안구 질환으로 실명한 환자를 대상으로 임상시험을 들 수 있겠네요. 실명한 환자의 안구 내에 크리스퍼를 집어넣고 실명 유전자를 건강한 유전자로 교체, 수선하여 시력을 되찾게 하는 시험을 진행했답니다. 이처럼 유전자 가위는 다양한 분야에서 이미 현실이 되어가고 있습니다.

토론거리_7

우리나라 크리스퍼 기술의 권위자인 김진수 교수(유전체 교정 연구단장)는 크리스퍼 유전자 가위에 대해 유전자 조작, 또는 편집이란 표현을 언론에서의 자제를 언급한 적이 있습니다. 크리스퍼 유전자 가위를 활용하는 연구를 영문으로 '게놈 에디팅(genome editing)'이라고 하는데요, 김 교수는 "게놈 에디팅은 32억 쌍의 염기로 구성된 인간 유전체에서 단 하나의 염기를 바꾸는 게 가장 일반적"이라고 하였습니다. 그렇다면 언론에서 위와 같은 표현을 자제해달라고 호소한 이유는 무엇일까요?

2
희귀 동식물을
번식시킬 수 있을까?

영화 〈쥐라기 공원(1993, 스티븐 스필버그)〉에는 호박 화석 속의 모기에서 공룡의 혈액을 채취해 혈액 속 DNA를 연구한 뒤 오랜 시간 손상된 DNA를 개구리의 DNA로 채워 완전한 공룡의 DNA를 복원, 공룡을 되살려 테마파크로 만들며 영화가 시작됩니다. 꽤 오래전 공상과학 영화이지만 멸종한, 또는 희귀한 생명체를 복원하는 것은 인간의 흥미를 끌기 충분했고, 오늘날에는 그저 공상과학이 아닌 현실에 가

까워졌습니다. 그 중심에는 무엇이 있을까요?

크리스퍼 유전자 가위로 제2의 전성기를!

2020년 2월, 코로나바이러스감염증-19(COVID-19)가 세상을 뒤흔들었습니다. 코로나바이러스감염증-19는 인간의 생활을 송두리째 바꿔 놓았죠. 사실 코로나바이러스감염증-19는 인간에게는 치명적이지만, 자연에는 오히려 도움이 되고 있습니다. 인간의 개발로 좀처럼 오지 않던 철새가 등장한다던지, 매연으로 인해 맑은 하늘을 보기 힘든 도시에서 청정한 하늘을 하루 종일 볼 수 있었다는 뉴스는 인간이 얼마나 자연에 많은 폐를 끼쳤는지를 깨닫게 해줍니다. 이 와중에 멸종 위기에 처했던 동물이 팬데믹으로 인해 오히려 멸종 위기종에서 제외되기도 했습니다. 영국의 유명한 국립 출판사 마스코트이자, 인터넷 브라우저의 이름이기도 한 '퍼핀'(코뿔바다오리)이라는 철새의 이야기입니다. 넘치는 관광객과 지구 온난화 같은 기후 변화로 인해 개체 수가 감소하던 퍼핀은 코로나바이러스감염증-19로 인해 관광객이 줄고 기후 이변이 감소하면서 다시 개체 수가 늘어나 영국의 해안가에서 자주 발견된다고 합니다.

크리스퍼로 털매머드를 복원할 수 있을까요? 결과적으로 털매머드의 클론을 만드는 시도는 실패했습니다. 왜냐하면 발견된 냉동 DNA의 상태가 전체 유전체를 얻을 수 없을 정도로 훼손되었기 때문입니다. 그래서 과학자들은 털매머드와 오늘날의 코끼리를 구분할 수 있는 유전자를 알아냈습니다. 이 유전자는 추운 날씨에서 살아남게 하는 유전자들입니다.

즉 덥수룩한 털이 나게 하는 유전자, 아주 두꺼운 체지방을 만드는 유전자, 체온이 낮아져도 신체 각 부위로 혈액을 운반하는 특별한 종류의 헤모글로빈을 만드는 유전자들입니다. 이 정보를 이용하여 털매머드를 되살리기 위한 시도를 하고 있습니다. 그 시작이 털매머드와 가장 가까운 종인 아시아코끼리의 크리스퍼 유전자 가위 기술입니다.

멸종 위기종 또는 심해 등 인간이 다가가기 어려운 곳에 서식하는 희귀 생명체의 DNA를 추출하여 번식시킨다면 환경 운동이나 생태 연구에 긍정적 영향을 줄 수 있습니다. 영화 〈쥬라기 공원〉처럼 몇억 년 전 멸종한 공룡은 온전한 미라가 발견되기 매우 어렵기 때문에 온전한 DNA 자체를 얻기 어렵겠지만, 만약 기술이 더 발달한다면 멸종한 동물들을 동물원에서 다시 볼 날이 불쑥 다가올지도 모릅니다.

토론거리_8

멸종 동물을 되살려내야 한다고 생각하나요? 그럼, 그 이유는 무엇인가요?

3
말라리아 퇴출 작전
- 유전자 드라이브

모기 없는 여름이 온다고?

사실 생명에 경중이 없다고 이야기하지만, 인간에게 해로운 생물이라면 유전자 가위를 통해 개체수를 줄이고 멸종시킬 수도 있습니다. 그중 가장 대표적으로 떠오르는 생물이 무엇인가요? 바로 모기입니다. 전 세계적으로 1년에 100만 명 남짓한 사람들이 모기가 원인이 되는 다양한 전염병인 뇌염, 말라리아 등으로 인해 목숨을 잃곤 합니다. 모기와의 '불편한 동거'는 약 200만 년 전부터 시작되었으며, 인류는 늘 모기에게 피해를 입는 입장이었습니다. 수컷 모기는 흡혈을 하지 않지만, 산란기의 암컷 모기가 바로 동물의 피를 필요로 하죠. 그렇다면 유전자 가위를 통해 모기를 멸종시키는 방법은 무엇일까요? 암컷 모기에는 한 쌍 모두 제 기능을 수행하지 못할 시 불임이 되는 유전자가 존재합니다. 유전자를 조작하여 모기의 수정 과정에서 이 유전자를 고장 냅니다. 이후 이 모기들이 자라면 모두 불임이 됩니다. '내시 모기'가 탄생하는 것이죠. 이 모기와 교배해 생긴 자손 중에서 암컷은 모두 불임이기 때문에 알을 낳지 못하고, 수컷은 망가진 유전자를 자손에게 전달하게 됩니다. 세대가 지날수록 불임 모기의 비율이 늘어나게 되고, 번식이 가능한 최후의 모기가 없어졌을 때, 모기는 멸종하게 되겠죠.

인간은 신이 아니야

하지만 이 방법에는 문제가 있습니다. 바로 암컷과 수컷에서 각각 절반씩 유전자가 전달되기 때문에 후손 세대에 불임 유전자가 퍼지는 속도가 느리다는 것이죠. 이때 사용되는 기술이 바로 유전자 가위 기술을 활용한 '유전자 드라이브'입니다. 이 기술을 활용하면 다음 세대에 빠르게 특정 유전 형질을 전달할 수 있죠. 영국의 임페리얼 칼리지 런던에서 600마리의 말라리아 모기로 실험을 진행한 결과, 단 7세대만에 모기 집단의 모든 암컷 모기가 불임이 되었습니다. 결국 이 모기들은 번식이 불가능해져 멸종하게 되는 것이죠. 성공적인 실험 결과입니다. 현재에는 장님 모기, 자살 유전자가 삽입된 모기 등 유전자 가위 기술을 활용하여 다양한 모기를 만들어 더 이상 모기가 사람에게 해를 입힐 수 없도록 하는 연구가 활발히 진행 중입니다.

모기는 말라리아 등 사람에게 많은 해를 입힌다는 이유로 멸종시키기 위한 다양한 방법이 연구 중입니다. 하지만 과연 이 방법이 타당할까요? 유전자 가위를 활용한 모기 박멸 작전은 한편으로는 생태학자들의 우려를 자아내고 있습니다. 그 이유는 무엇일까요? 유전자 조작으로 인간이 생태계를 인위적으로 조절할 수 있게 된다면, 필요에 의해 특정 생물이 멸종당하거나 증가하겠죠? 자연의 규칙을 조작했을 때 생길 심각한 생태계 교란이 어떤 결과를 가져올지에 대해서도 함께 고민해봐야 할 것입니다.

 **토론거리_9**

우리 마음대로 유전자 드라이브 등으로 종을 멸종시켜도 될까요?

4
식량 부족의
해결사

유엔농업식량기구(FAO)는 "오는 2050년이 되면 지구 인구가 90억 명 이상이 될 것이며 식량 생산은 지금보다 70% 더 늘려야 한다"고 발표했습니다. 2020년 유엔이 발간한 〈세계 식량 안보 및 영양 상태 보고서〉에 따르면 전년도에 굶주린 사람의 수는 세계 인구의 약 9%에 가까운 6억 8천만 명이라고 합니다. 주로 아시아 지역과 아프리카 지역에서 증가했다고 합니다. 세계 인구가 지금과 같이 증가하면 앞으로 50년간 전 세계 농부들은 지난 1만 년 동안 생산된 식량을 전부 합친 것보다 더 많은 양의 식량을 생산해야 합니다. 그러나 곡물의 생산량은 줄고 있습니다. 그 원인으로는 기후 변화가 가장 큰 요인이고, 생산되는 곡물의 상당수가 가축 사료용으로 이용되기 때문입니다. 또한 무분별한 도시개발로 농지가 절대적으로 줄어들고 있습니다. 우리나라는 어떨까요? 우리나라의 곡물 자급률은 23.8% 수준으로 OECD 34개국 중 32위로 최하위 수준입니다.

크리스퍼 기술이 가장 큰 영향을 발휘할 분야는 농업이라고 생각하는 과학자들이 많습니다. 대표 연구자인 다우드나도 "크리스퍼가 사람들의 일상생활에 끼치는 가장 큰 영향은 농업 분야에서 나타날 것"이라고 예측했지요. 농업은 곧 인류의 식량입니다. 크리스퍼 유전자 가위 기술이 지금보다 수확량은 더 많아지고, 더 건강한 가축, 더 영양가 많은 식품이 우리 식탁을 채우는데 이바지한다는 거죠. 크리스퍼가 농업 분야에 가장 큰 기여를 할 것이란 예측을 한 저명인사로는 미네소타 대학교의 교수이자 칼릭스트사의 공동 창립자인 다니엘 보이타스 미국 미네소타대 교수 댄 보이타스(Daniel Voytas), 영국의 저술가이자 정치인 맷 리들리(Matt Ridley)가 있습니다.

버클리 대학의 생명과학자 수잔 젠킨스(Susan Jenkins) 교수는 "유전자 가위 기술이 농작물을 다양화할 것이며 빠르면 10~20년, 길게는 1세대가 지나기 전에 우리 식탁이 새로운 농산물로 채워질 수 있다"고 말했습니다. 뒤퐁파이오니어사는 크리스퍼를 기반으로 한 식품이 10년 안에 시장에 나오리라 예측하고 있습니다.

크리스퍼 기술이 전 세계의 식량 안보를 떠받치고, 지구촌 구석구석의 기아와 영양실조를 해결하며 기후 변화에 적응한 식물로 환경파괴를 예방할 수 있기를 기대해봅니다.

대화의 수준을 끌어올리는 똑똑이 아이템 11

농업의 역사

자연 육종

농업은 지금으로부터 1만 년 전에 시작되었습니다. 그때부터 좋은 먹거리가 되는 작물을 찾아서 심고 가꾸었습니다. 이 시기에는 수확물 중에서 품질이 좋은 씨앗을 골라 다음 해에 심는 육종법을 활용했습니다. 때로는 돌연변이를 이용하여 수확량이 많도록 노력을 했습니다. 이런 육종법은 아주 느린 속도로 여러 세대에 걸쳐서 식물의 DNA를 바꾸었습니다.

식물유전학자이자 녹색혁명의 아버지라 불리는 노먼 볼로그(Norman Borlaug)는 1950년대 중반에 키가 작고 병충해에 강한 밀을 육종해서 전 세계에 공급했습니다. 이 밀은 1960년에 인도에 도입된 후 수백만 명의 목숨을 살린 밀입니다. 현재 전 세계에서 재배되는 밀의 99%가 이 품종입니다. 이 밀의 뿌리가 바로 우리나라 재래종 '앉은뱅이 밀'이었습니다. 우리 토종밀은 키가 작아 '앉은뱅이 밀', '난장이 밀'이라고 불렀습니다. 키가 큰 밀은 수확기에 잘 쓰러지고 병충해에 약해서 수확량이 일정하지 않았기에 종간 잡종이 필요했던 것이죠. 종간 잡종 개발의 전문가인 볼로그는 이 밀로 노벨상을 수상했습니다.

의도적 돌연변이

과학자들은 씨앗에 X선이나 감마선 같은 방사선을 의도적으로 쬐어 돌연변이를 유도했습니다. 화학물질에 씨앗을 담가두어 산발적인 돌연변이가 생기도록 하여 인간이 재배하기에 가장 좋은 특성을 가지도록 했습니다. 루이스 스태들러(Lewis Stadler)는 1928년에 처음으로 식물에 방사선을 적용하여 새로운 돌연변이를 일으킨 과학자입니다. 이후 식물 육종가들은 감마선과 엑스선을 쬐어 인위적인 돌연변이를 일으켜 더 좋은 품종으로 육종을 하여 식량 생산에 기여했습니다.

GMO

유전자 변형이 식량 문제의 대안으로 등장한 것은 1975년 아실로마에서 열린 '유전자 재조합 기술 회의'에서였습니다. 이 회의에서 GMO(Gentically Modified Organism)가 식량 생산에 기여할 것이라는 의견과 위험할 수 있다는 의견이 첨예하게 대립했습니다. 결국 도출된 합의문은 유전자 재조합 연구를 장려하되 위험할 수 있다는 점을 소비자에게 명시하도록 하였습니다. 미국 농무부는 GMO란 '특정 목적을 위해 식물이나 동물을 유전공학 기술이나 다른 전통적인 방법을 이용해서 유전 가능한 방식으로 개선한 생산품'으로 정의를 내렸습니다. 자연 교배로 이루어지는 야생의 동, 식물만이 GMO가 아니며, 재배하거나 사육하는 모든 식품을 GMO라고 봅니다. 유전자 재조합은 오래전부터 생명 현상과 자연계에서 일어나고 있는 현상이라는 것이지요. GMO는 텅스텐 또는

금 입자에 DNA를 코팅하여 유전자총으로 꽃술에 쏘는 직접적인 방식으로 정교하게 개발되기도 했습니다. GMO는 어딘가 자연적이지 않고 비틀렸다는 인식이 강하지요. 우리가 먹는 거의 모든 것은 인간에 의해 변형되었습니다. 같은 종간에 DNA 돌연변이를 유도하기도 하지만 전혀 다른 종간의 돌연변이를 염려하고 있습니다. 그럼에도 세계의 대형 농업 기업은 GMO 연구로 세계 곡물 시장을 독점하고 있습니다.

⟨작물 생산 방식⟩

	시기	사례	방식	개발기간
선발육종	기원전 8천년 ~ 현재	대부분의 곡식과 채소	좋은 작물끼리 교배	5~30년
이종교배	1800년 ~ 현재	일부 사과, 밀, 벼	비슷한 다른 종과 교배해 좋은 특성만 뽑아냄	5~30년
방사선 돌연변이	1930년 ~ 현재	복숭아, 자몽, 얌	방사선을 쪼여 유전자를 변화시킴	5년 이상
유전자 조작 (GMO)	1996년 ~ 현재	옥수수, 콩, 면화	기존의 생물체 속에 다른 유전자를 끼워 넣어 새로운 품종을 만듦	5~10년
유전자 가위 편집	2014년 ~ 현재	버섯, 감자, 상추	이미 존재하고 있는 유전자를 잘라내고 이어 붙여 새로운 품종을 만듦	3~5년

GMO와 다르다

크리스퍼는 DNA를 편집하기 때문에 GMO와 유사하지만 세부적인 면에서는 다릅니다. GMO는 특정 형질을 가진 다른 종의 유전자를 가져와서 염색체에 끼워 넣는 방법입니다. 그러나 크리스퍼 유전자 가위는 자체의 유전체 중에서 몇 개의 유전자 배열 서열을 바꾸거나 불필요한 유전자를 제거하는 방법입니다. 즉 크리스퍼가 적용된 생명체에는 외부 유전자가 없습니다. 따라서 GMO로 분류되지 않습니다.

예를 들어 단맛이 강한 딸기 품종을 개발하고자 한다면 GMO 방법에서는 다른 종의 유전체에 있는 단맛 유전자를 가져와서 딸기 유전체에 넣습니다. 반면 크리스퍼는 딸기의 유전체를 분석하여 신맛이 나는 유전자를 없애버리거나 단맛을 내는 유전자를 알아내어 크리스퍼 유전자 가위를 이용하여 단맛이 뛰어난 신품종 딸기를 생산합니다.

크리스퍼 유전자 가위를 GMO 기술로 봐야 할까

크리스퍼 유전자 가위 기술이 GMO 기술의 일종이라고 보는 견해도 있습니다. 크리스퍼 유전자 가위는 실험실에서 만들어집니다. 그중 카스나인은 유전자 재조합 기술을 이용해서 만들기 때문에 엄격하게 따지면 GMO라는 거죠. 세균의 플라스미드에서 생산하니까요. 그래서 대부분의 국가에서는 GMO 수준으로 규제를 하고 있지요.

그럼 이 규제를 피하기 위해서 어떤 방법이 있을까요? 생물체의 세포에 직접 가이드 RNA 염기와 함께 크리스퍼를 투입하는 방법을 개발했습니다. 이 방법은 동물과 식물이 가지고 있던 유전체 일부인 아주 작은 특정 유전자만 제거되며 자연발생적인 변이로 볼 수 있다는 겁니다.

미 농무부는 새로운 유전자 가위 기술이 적용된 작물을 농무부의 승인을 받지 않아도 된다고 결정했습니다. 기업농업회사인 몬산토는 GMO 농산물로 낙인이 찍혀 불명예를 안고 있는 기업입니다. 몬산토는 발빠르게 유전자 가위 기술을 농산물에 적용하고 있으며, "유전자 가위 기술을 통해 보다 안전하고 놀라운 농산물을 생산할 수 있는 길이 열렸다"며 많은 연구비를 투자하여 이미 여러 가지 특허를 보유했습니다. 특히 더위와 가뭄 같은 기후 변화를 극복할 수 있는 농작물 개발에 노력을 집중하고 있다고 합니다. 미국 버클리 대학 게놈 연구소에서는 크리스퍼 유전자 가위 기술을 적용해 더위와 가뭄이 심각한 서아프리카에서 잘 자랄 수 있는 카카오나무를 키우고 있습니다.

유전자 가위 기술은 전 세계 식량 안보를 떠받치고, 영양실조를 예방하며, 기후 변화에 적응하고, 환경파괴를 예방할 수 있는 나무랄데 없는 기술입니다. 하지만 과학자와 기업, 정부, 시민이 함께 협력하고 노력해야만 이루어질 수 있습니다.

우리 곁에 다가온 크리스퍼 작물

더 건강해지는 콩

크리스퍼로 만든 식용유를 먹어본 적은 없어도 있다는 소식은 들었습니다. '칼리노'는 프랑스 생명공학 업체 셀렉티스의 자회사인 칼릭스트가 개발한 대두유입니다. 이 식용유에는 트랜스 지방 제로이며 다른 식용유보다 포화지방이 20% 적습니다. 칼릭스트사는 탈렌 유전자 가위 기술을 이용하여 콩을 재배하였습니다. 트렌스 지방이 없고 포화지방이 적게 함유되어 있으면 건강에는 당연히 좋을 것입니다. 다른 식용유보다 유통기간도 깁니다.

트랜스 지방은 액체 상태인 식물성 오일의 불포화 지방을 고체 상태로 가공하기 위해 수소를 첨가하는 과정에서 생성되는 지방입니다. 가공식품의 식감을 좋게 할 뿐만 아니라 값이 싸고 유통기간이 길어 식품업계에서 널리 사용되고 있지만 건강에 악영향을 미칩니다.

즉 몸속에서 혈액 내의 나쁜 콜레스테롤의 수치를 증가시켜 심근경색 등 심혈관 질환이나 중풍과 같은 여러 질병을 유발합니다. 또 좋은 콜레스테롤의 수치를 낮추는 역할을 합니다.

우리나라 연구진은 크리스퍼 유전자 가위 기술을 이용하여 혈압과 콜레스테롤의 함량을 낮추는 올레산이 많은 콩을 만들었습니다.

디카페인 커피

커피에 있는 카페인 성분은 각성효과가 있어 많이 마시게 되면 수면에 지장을 호소하는 사람이 많습니다. 하지만 밤을 새워서 공부해야 할 시기에는 잠을 쫓기 위해 일부러 커피를 잔뜩 마시기도 합니다.

일반 커피콩으로 디카페인 커피를 만들기 위해서는 비용이 많이 듭니다. 많은 과정을 거쳐야 하고 카페인을 제거하는 과정에서 맛과 영양에 모두 영향을 미칩니다. 그래서 호불호가 갈리지요. 그런데 크리스퍼 유전자 가위를 사용해 카페인을 만드는 유전자를 제거하여 카페인이 없는 콩이 열리는 커피나무 재배에 성공했습니다. 크리스퍼 기술로 인해 이제 카페인에 민감한 사람들이 일반 커피에 가까운 맛을 즐길 수 있게 되었습니다.

크리스퍼 양송이 버섯

집에 손님을 많이 초대할 경우 어머니는 배나 사과를 미리 깎아서 설탕물에 담가 두셨습니다. 왜 그러셨을까요? 흰색 채소나 과일의 흰색 과육 부분이 공기 중에 노출되면 금방 갈색으로 변합니다. 양송이 버섯도 마찬가지입니다. 원인은 폴리페놀 옥시데이즈(Polyphenol oxidase)라고 불리는 효소가 공기 중의 산소를 만나 산화가 일어나면서 색이 변합니다. 크리스퍼 양송이 버섯은 당연히 크리스퍼 유전자 가위 기술을 이용하였지요. 버섯 유전체 중에서 갈변을 일으키는 유전자 염기쌍을 제거하여 공기 중의 산소로부터 갈변 저항성이 생기도록 했습니다. 이 버섯은 공기 중에 두어도 갈변이 되지 않습니다. 유통 과정에서도 상품성이 그대로 유지되고 조리 과정에서 흰색이 그대로 유지되는 양송이 버섯이 탄생한 것이죠.

작물 손실율을 줄여라

원예 농작물은 유통과정에서 품질 유지가 잘되어야 합니다. 애써 수확한 작물이 일찍 숙성되거나 산화되어 물러지고 색깔이 변한다면 상품 가치가 떨어지지요. 그래서 농가에서는 수확 후 선별과 포장, 저장 등 외부의 변화관리에 각별한 신경을 써서 소비자에게 신선하게 제공되도록 합니다.

이제 유전자 가위 기술이 이런 수고로움을 조금 줄일 수 있는데요. 크리스퍼 유전자 가위 기술을 이용하여 식물 자체가 가지고 있는 특정 염기서열을 정교하게 자르고 순서를 교정하여 식물이 에틸렌 생합성을 개선할 수 있는 작물을 만들면 가능합니다. 에틸렌 합성을 제어하면 토마토, 오렌지, 감자 등 과실류, 뿌리채소 등의 숙성 기간 조절이 자유롭습니다. 예를 들어 입학식이나 졸업식에 맞추어 수확하여 만드는 꽃다발이 쉽게 시들지 않게 할 수 있습니다. 꽃이 피는 기간이 길어지는 것이지요. 이처럼 농작물의 미관과 맛을 개선하고 수확 후 손실을 줄일 수 있다면 크리스퍼 가위 기술이 진정으로 빛을 발하게 될 겁니다.

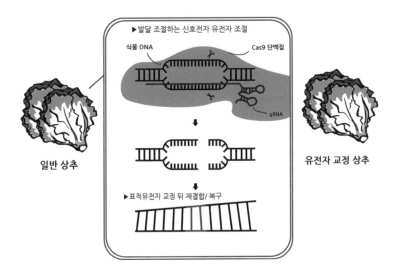

▶ 발달 조절하는 신호전자 유전자 조절

식물 DNA

Cas9 단백질

gRNA

▶ 표적유전자 교정 뒤 재결합/ 복구

일반 상추

유전자 교정 상추

토론거리_10

크리스퍼 상추는 잘 물러지지 않아 유통기한이 깁니다. 이 상추
의 품종은 어떻게 만들어질까요? 앞의 그림을 보고 친구와 토의
해봅시다.

슈퍼 근육 돼지와 다양한 가축

　돼지나 소를 키우는 농장주들은 근육량이 많은 품종을 좋아합니다. 또한 단백질 섭취를 위해 육류를 먹어야 할 경우도 근육량이 많은 살코기가 효과적입니다. 최근 연구자들은 근육의 발달을 억제하는 마이오스타틴 유전자를 발견했습니다. 마이오스타틴 유전자는 근육을 가진 척추동물의 근육조직 생성을 방해하지요. 당연히 마이오스타틴 유전자를 없애주면 근육이 많이 생기겠죠? 그래서 탈렌 유전자 가위를 이용해 정상적인 돼지의 마이오스타틴 유전자를 제거해서 근육량이 많은 새로운 품종을 만들었습니다. 체지방이 적고 고기 육질은 더 부드러우며 영양이 우수한 고기라면 목축업자나 소비자들이 좋아하겠죠?

　이제 크리스퍼는 병에 저항성을 갖는 가축 개발에도 필수 도구로 활용될 수 있습니다. 해마다 우리나라 축산 농민들이 겪고 있는 아프리카 돼지 열병을 알고 있지요? 조류 독감, 소 호흡기 질병, 돼지 독감 등 많은 종류의 동물 질병이 있습니다. 가축이 돼지 열병에 걸리거나 조류 독감에 걸리면 인근의 가축 수만 마리가 살처분됩니다. 돼지고기 값도 껑충 뛰게 되지요. 이런 문제점을 해결하기 위해 과학자들은 크리스퍼 연구에 더욱 힘쓰고 있습니다. 각각의 질병의 원인이 되는 유전자를 알아낸다면 크리스퍼 기술로 가축의 질병을 치료할 수 있게 될 겁니다.

과학자들은 이미 근육 강화 소, 양, 돼지, 염소, 토끼의 새 품종을 만들었습니다. 이미 염소 유전자를 편집해서 고기의 육질을 높이고 털의 질을 높여서 더 좋은 캐시미어를 생산하는 염소를 탄생시켰습니다. 다른 과학자는 암컷 병아리만 낳는 닭을 만듭니다. 소의 게놈을 편집하여 수면병을 일으키는 기생충에 저항력을 갖는 소를 만들었습니다. 돼지 게놈을 편집하여 더 적게 먹어도 살이 찌도록 변형되었습니다. 이처럼 더 건강하고 질병을 잘 이겨내도록 유전자가 편집된 동물들이 우리 식탁에 오를 날이 곧 올 겁니다.

크리스퍼로 만든 식품은 GMO 식품과 어떻게 다른 가요?

플레이버 세이버 토마토는 1990년 미국에서 판매 승인이 난 최초의 GMO 토마토입니다. 일종의 무르지 않는 토마토지요. 만일 크리스퍼 유전자 가위 기술을 이용하여 토마토를 만든다면 GMO 토마토와 어떤 점이 차별화 될까요?

유전자 가위, 무엇을 우려하는가?

5장

1
염기 하나가 사라지면
어떤 일이 벌어질까?

오차나 실수는 용납할 수 없어!

대부분의 질병은 한 개의 유전자 문제로 발생하는 것이 아니라 여러 유전자와 연결되어 있습니다. 또한, 하나의 유전자가 특정 질병을 유발함과 동시에 여러 정상 기능과도 연관되어 있기도 하죠. 이는 특정 질환을 치료하고자 했는데 치료과정에서 다른 질환이 나타나는 것과 같습니다. 빼곡하게 물건이 쌓인 창고에서 아래 물건 한 개를 꺼내면 다른 물건이 무너지는 것처럼요. 그래서 시중에 판매하는 모든 의약품에는 부작용에 대한 경고가 붙어있습니다. 유전자 가위 사용에서도 특정 질병을 치료하기 위해 유전자 하나를 제거했는데 그 유전자가 다른 기능과 연결되어 있다면 의도하지 않은 결과를 가져올 수 있다는 거죠.

크리스퍼로 유전자를 편집하는 과정에서 염기 하나가 사라지는 경우를 가정해봅시다. 그러면 이 유전자에서 만들어진 메신저 RNA가 헝클어집니다. 유전자 암호가 붕괴되어 단백질의 돌연변이를 일으키거나 아예 단백질이 생산되지 않을 수 있죠. 이를 유전자 결실 또는 녹아웃이라고 부릅니다. 당연히 치료 효과도 떨어지겠지요. 특정 약을 먹고 부작용이 생기면 약을 중단하면 됩니다. 그러나 유전자 편집은 되돌릴 수가 없습니다.

그래서 한 치의 실수라도 있으면 안 되는 이유지요. 유전자 가위 기술을 환자의 치료에 이용하려면 많은 임상 시험을 통해서 100% 안전성이 검증되었을 때 실시해야겠죠? 크리스퍼를 이용한 치료가 또 다른 질병의 원인이 되거나 알 수 없는 결과를 가져올 수 있기 때문입니다.

아직은 서툰 가위질

또 유전자 가위에서 염려하는 문제는 유전자 가위가 표적을 벗어난 곳을 절단하는 '표적이탈' 문제가 있습니다. 또 일부 세포만 돌연변이가 교정되고 나머지 세포는 그대로인 모자이크 현상이 생기기도 합니다. 이런 현상들은 1, 2세대 유전자 가위 기술에서 많이 나타나 활용도가 떨어졌습니다. 다행히 3세대 크리스퍼 유전자 가위가 세포 안에서 작동할 때는 염기서열의 변이가 거의 없다고 과학자들은 자신 있게 말하고 있습니다. 유전자 가위 기술로 DNA 염기서열 한 개는 정확하게 잘라내고 교정합니다. 그래서 유전자 한 개만 편집하면 해결되는 단일 유전자 질병인 경우 더 좋은 결과를 가져온다는 뜻입니다.

가위의 속성은 자르기입니다. 유전자 가위는 일반 가위를 빌려와서 생각해보면 쉽게 이해할 수 있겠죠? 자르는 기능을 제대로 발휘하지 못하는 원인은 가위 탓일 수도 있고 가위를 자르는 사람의 잘못도 있습니다. 초등학생 때 가위질을 해본 적이 있지요? 경계선을 비뚤비뚤 넘나들면서 자르지요. 또 경계선이 굵은 선으로 그어져 있다면 가위질을 할 때 경계선을 침범해서 난감함을 느꼈던 적이 있었을 것입니다. 이 가위질은 서툼과 실수가 허용됩니다. 그러나 크리스퍼 유전자 가위 기술은 실수가 용납되지 않습니다.

하루가 다르게 핀셋처럼 더 정확한 크리스퍼 유전자 가위들이 속속 개발되고 있기는 하지만 안전성에 대한 논의는 계속 연구되어야 합니다. 실험실에서 배양하는 세포처럼 크리스퍼가 환자의 몸속에서 성공적으로 유전자를 편집할 수 있다면 의학적 잠재

력은 무한할 것입니다. 아직은 유전자 편집이 정말로 안전한지는 과학적으로 입증할 방법이 없다는 것입니다. 유전자 가위 기술이 안전하지 않아 해악이 발생한다면 누가 책임져야 할까에 대한 논의도 이루어져야겠습니다.

토론거리_12

만일 크리스퍼 유전가 가위 기술을 질병 치료에 적용하였다가 의료사고가 생겼다면 의료사고임을 어떻게 밝힐 수 있을까요?

2
합성 생물체가
연구실 밖으로 유출된다면?

누구나 원하면 합성 생물체를 만들 수 있습니다. 현재 몇몇 회사들은 고객의 주문에 따라 DNA를 합성해주는 서비스를 하고 있습니다. 인터넷을 통해 신청하면 주문 생산하여 2~3일 내로 받아볼 수 있습니다. 만일 합성 생명체가 잘 보관되지 않아서 연구실 밖으로 유출이 된다면 어떤 일이 생길까요? 생태학자들은 합성 생명체가 사고로 인해 생태계에 퍼질 가능성을 염려하고 있습니다. 만일 누군가가 악의적으로 독성물질을 만들어내는 생물체를 합성해 유포한다면 찾아내기도 힘들 뿐 아니라 생태계는 감당할 수 없는 지경에 이를 수 있습니다.

과학자들은 변형한 유전자 물질을 실험하면서 예상치 못했던 결과를 초래한 경험을 하기도 했다네요. 한 과학자는 유전자를 변형한 대장균을 연구하는 과정에서 사람의 소화계에 유해한 대장균 수십억 마리가 떠다니는 것을 발견했습니다. 그는 유전자 변형한 대장균이 사람에게 감염되면 해를 끼칠 가능성이 있다는 것을 알고 실험을 멈추었다고 합니다.

어떤 과학자는 생쥐에게 종양을 유발하는 합성 바이러스를 주입하는 연구를 하는 과정에서 이 바이러스의 DNA 조각이 인간에게 새로운 발암 병원체가 될 수 있음을 알았다고 해요. 만일 이 발암 유전자가 환경에 방출되면 항생물질에 대한 내성을 사람이나 다른 생물 종에 전파하는 혼란을 부를 수 있기 때문에 이 실험을 중단하였다고 합니다.

최근 과학자들은 우주에서 외계 생명체를 찾는 연구를 하고 있습니다. 화성에 지구의 생명체와는 완전히 다른 유전물질을 가진 생명체가 있다는 가설을 세워 세개의 염기에 인공 염기를 한 개 더 추가하여 새로운 생명체를 합성해본 거죠. 이를 XDNA라고 하는데요. 지구 생물체에 없는 구조이기 때문에 어떤 결과를 초래할 지 모른답니다. 과학자들은 XDNA는 실험실에서 인공염기를 공급해 주지 않으면 생존할 수 없으며 절대 실험실을 벗어나지는 않는다고 장담합니다. 그러나 환경 단체의 강한 저항이 있었습니다.

3
직접 나서는 사람들,
바이오 해커

바이오 해커(Bio hacker)는 생물학을 뜻하는 바이오와 생물학을
스스로 공부하고 실험하는 사람을 결합하여 만들어진 단어입니
다. 그들은 대개 창고나 차고 같은 작은 실험실에서 연구합니다.
바이오 해커들은 스스로 "인류에게 유익한 유전자 염기서열이나
건강정보를 알아내고 이를 활용해 기존의 생명체를 변형하는 사
람"이라고 말합니다.

DIY 크리스퍼 세트로 유전자를 직접 변형한다고?

많은 나라에서는 국익이 되는 복잡한 기술 및 노하우는 기술

보호와 안전을 이유로 국가나 기업이 독점하고 있답니다. 바이오 해커들은 지식은 국가나 대기업이 독점해서는 안 된다고 주장합니다. 그 지식이나 기술을 통해 만들어낸 어떤 산물도 국가나 기업이 소유해서는 안 된다는 거죠. 그래서 바이오 해커들은 '생명과학 기술의 탈중앙화'를 지향합니다. 예를 들어 유전자 조작 기술도 개인 소유할 수 있어야 한다는 주장입니다.

바이오 해커의 주장은 옳을까요? 바이오 해커들은 유전자 가위 기술은 모든 사람이 직접 해볼 수 있을 만큼 간단하다는 점을 알리고 있습니다. 크리스퍼는 온라인을 통해 1만 원가량의 비용으로 살 수 있고, 구매한 DIY 크리스퍼 세트로 누구나 세균이나 효모 유전자를 변형할 수 있습니다. 바이오 해커들은 더 복잡한 동물 게놈을 대상으로 유전자 체계를 변형시킬 수 있는 연구자들입니다.

그런데 뭐가 문제가 될까요? 크리스퍼 유전자 가위 기술은 누구나 사용하기 쉽다고 했지요. 혹시 그 누군가가 비도덕적인 목적으로 사용하면 어떻게 될까요? 개인 실험실에서 새로운 생물 종들이 만들어져서 생태계에 문제가 생기든가 질병을 치료를 위해 검증되지 않은 방법으로 시술을 할 수도 있겠지요. 즉 블랙 바이오 해커가 많아질 수 있습니다. 바이오 해커들은 이 윤리적 고민을 먼저 해야 할 것입니다.

스스로 실험체가 되는 바이오 해커들

넷플릭스에서 〈부자연의 선택〉이라는 다큐멘터리가 화제가 되었습니다. 바이오 해킹 기술을 보급하는 과학자인 조시아 제이너(Josiah Zayner)는 물리학을 전공하고 나사 우주 합성생물학 연구소에서 일했습니다. 2016년 나사를 그만두고 일반 대중이 자신의 유전자를 편집할 수 있도록 하는 크리스퍼 유전자 가위 기술을 일반 연구자에게 소개하기 시작했습니다. 그는 크라우드 펀딩으로 자금을 모아 박테리아 유전자 조작을 하는 실험 세트를 판매하기 시작했고, 바이오 해커의 기술을 전수해주는 오딘을 설립했습니다. 크리스퍼 유전자 가위에 호기심이 있는 사람이면 누구나 실험도구를 구입할 수 있어 집에서 유전자를 조작해볼 수 있게 되었고, 실험실을 차리기를 희망한다면 기술도 전수해줍니다.

제이너는 과학 콘퍼런스에 참가하여 자신이 제작한 유전자 조작 약품을 본인의 팔에 주입하는 실험을 하였습니다. 미국에서는 자기 몸에 직접 생물 실험을 하는 경우라면 법적 제재를 하지 않는다고 합니다. 이처럼 단순하고 강력한 크리스퍼 기술이 예상치 못한 방향으로 사용될 수 있다는 윤리적인 문제가 있습니다. 미국의 바이오 해커들이 크리스퍼 유전자 가위 기술을 이용하여 자신의 근육을 자랑하려는 시도를 할 수 있지 않을까요?

4
유전 정보 유출은
더 심각하다

해외 직구 사이트에서 백만 원 가량의 돈이 결제되었다는 문자를 받았습니다. 당연히 상품을 요청한 적이 없었죠. 이처럼 개인에 관한 정보 유출로 인한 피해가 빈번하게 발생하고 있습니다. 주로 해킹을 통해 입수한 개인정보를 악용하는 방식입니다. 이렇듯 개인정보란 성명, 주민등록번호 및 영상 등을 통하여 개인을 알아볼 수 있는 정보를 말합니다.

유전 정보가 뭔데?

그럼 유전 정보란 무엇일까요? 유전 정보는 개개인의 신체에 대한 고유한 정보를 담고 있습니다. 한 개인이 현재 및 미래에 경험하게 될 생물학적 삶에 대한 개연성 있는 정보입니다. 유전자 정보는 보통 유전자 검사를 통해 알게 되는 정보이며, 본인은 가장 알고 싶지만 타인에게 가장 숨기고 싶은 정보일 겁니다.

건강검진센터에 가면 유전자 검사에 관한 광고를 볼 수 있습니다. 유전자 의료 검사는 현재 앓고 있는 질환을 진단하거나, 앞으로 발병 우려가 큰 질환을 예측하는 검사입니다. 피 몇 방울만 뽑아서 자신의 건강상의 문제 여부를 확인하거나 본인이 가지고 있는 향후 질병을 유발하는 유전자를 알려 준다고 하니 누구나 이용해보고 싶은 욕구가 생기겠죠.

그러나 유전자 검사로 우려하는 것은 개인 유전자 정보 유출 문제입니다. 우리나라는 물론 다른 나라도 인간의 유전체 해독을 위해 수많은 사람들의 유전자가 제공되었습니다. 건강검진을 할 때 연구를 위해서 혈액 정보 제공을 하겠느냐는 동의서를 받습니다. 그렇지만 연구에 사용된 유전체 데이터의 분석 결과는 기증자에게 통보되지 않습니다. 개인이 직접 의뢰하는 유전체 분석의 결과도 회사에서 일부의 정보만 알려줄 뿐 그 외 유전체 정보는 병원이나 업체 소유가 됩니다.

개인의 유전자가 돈이 된다고?

개인의 필요에 의해 의뢰되었거나 기증으로 수집된 유전체 데이터들은 누가 어떻게 관리하고 보관하고 있는 것일까요? 그리고 어떤 목적을 위해 공개되어야 하며, 또 어떤 이유로 비공개되어야 할까요? 이제 우리는 유전체 정보 유출에 대해 심각하게 생각해보아야 합니다.

미국 하버드대학에서 개인정보를 연구하는 라타냐 스위니(Latanya Sweeney)는 개인 유전체 프로젝트에 참여했던 익명 기증자들의 유전자만 분석했는데 그 사람이 누구인지 84~97% 정확하게 알 수 있었다고 합니다. 이는 공개된 개인 유전체 데이터와 정보가 유출된다면 개인정보 침해 위험에 노출될 수 있다는 경고입니다. 하물며 기술의 발달로 DNA 정보는 더 쉽고 빠르게 유출될 수 있습니다.

개인 유전체가 유출되어 그 정보가 금액으로 환산되고 판매될 수 있는 시대가 되었다면 어떤 방법으로 막을 수 있을까요? 주민등록번호의 유출보다 더 심각하겠지요? 유전 정보는 개인의 근본적인 데이터를 담고 있으므로, 매우 중요한 민감한 정보입니다. 만약 질병, 개인 특성 등에 대한 정보가 유출되거나 남용되었을 경우, 프라이버시 침해나 사회적 파장은 매우 클 수 있으며, 나도 모르는 사이에 취업에서 차별을 받거나 보험 가입을 거절당할 수도 있지요.

예를 들어보죠. 보험이란 자신에게 언제 어떤 질병에 걸릴지 모르기 때문에 가입하여 미리 대비하는 상품입니다. 다시 말하면 한 가지 상품에 많은 사람들이 가입하면 그중에 질병에 걸릴 가능성이 있는 사람보다 걸리지 않을 확률을 가진 사람들이 더 많습니다. 사람들이 질병이나 사고와 같은 위험 요소를 유전자 기술을 이용해서 예측할 수 있다면 어떨까요? 건강하게 오래 살 수 있는 사람이 있을 것이고 특정 질병의 유전자를 지닌 사람들도 있겠지요. 보험회사가 개인의 정보를 가지고 있다고 한다면 특정 질병에 대한 유전자를 가지고 있는 사람을 가입시켜 줄까요? 아마 더 비싼 보험료를 지불하는 조건이 붙을 것입니다.

따라서 유전 정보는 당사자가 동의하거나 법률에 특별한 규정이 있는 경우를 제외하고는 비밀로 보호되어야 합니다. 유전자 검사를 선택할 때는 회사가 검체를 어떻게 처리하는지, 개인의 유전정보를 어떻게 보호하고 데이터를 안전하게 관리하는지 등에 대한 내용을 따져서 확인해야 합니다.

대화의 수준을 끌어올리는 똑똑이 아이템 12

생명윤리 및 안전에 관한 법률

(1) 누구든지 유전 정보를 이유로 교육, 고용, 승진, 보험 등 사회활동에서 다른 사람을 차별하여서는 안 된다는 유전 정보에 의한 차별 금지(제46조)

(2) 유전자 검사기관의 시설 및 인력 요건(제49조)

(3) 유전자검사관이 유전자검사에 쓰일 검사대상물을 직접 채취하거나 채취를 의뢰할 때에는 검사 대상물을 채취하기 전에 검사대상자로부터 유전자검사의 목적, 검사대상물의 관리에 관한 사항, 동의의 철회, 검사대상자의 권리 및 정보 보호, 그 밖에 보건복지부령으로 정하는 사항에 대한 서면동의를 받아야 한다는 유전자검사의 동의(제51조 제1항)

(4) 유전자검사기관이 검사대상물을 인체유래물연구자나 인체유래물은행에 제공하기 위해서는 ① 검사대상자로부터 개인정보의 보호 및 처리에 대한 사항, ② 검사대상물의 보존, 관리 및 폐기에 관한 사항, ③ 검사대상물의 제공에 관한 사항, ④ 동의의 철회, 동의 철회 시 검사대상물의 처리, 검사대상자의 권리, 그 밖에 보건복지부령으로 정하는 사항이 포함된 서면동의를 위 (3)에 따른 동의와 별도로 받아야 한다는 유전자검사의 동의(제51조 제2항)

(5) 유전자 검사기관이 기록 보관 및 검사대상자나 그의 법정대리인의 정보의 공개요청에 응할 의무(제52조)

(6) 검사대상물을 인체유래물연구자나 인체유래물은행에 익명하를 통한 제공과 유전자검사 결과 획득 후 즉시 폐기해야 하는 검사대상물의 제공 요건과 폐기 의무(제53조)

등의 규정하여 유전 정보의 누설로 인한 검사대상자의 피해를 방지하기 위한 유전자 검사기관의 유전 정보 보호에 관한 법적 의미를 규정하고 있다.

5
디자인된
아기

만일 인간의 배아세포를 편집하는 것이 허락되면 세상은 어떻게 바뀔까요? 능력을 가진 부모들은 자녀의 유전자를 편집하여 슈퍼 아기를 만들려고 할 것입니다. 자녀의 유전자 중 기능성이 뛰어난 유전자는 남겨두고 도움이 되지 않는 유전자는 제거하려고 할 것입니다. 예를 들면 뛰어난 운동능력을 원하는 부모들은 그에 맞는 유전자를 도입해서 필요한 근육량을 늘리려고 할 것입니다. 수영을 잘하는 아이로 만들고 싶다면요? 외모가 잘생긴 아이를 원하지 않을까요? 두뇌가 우수한 아이로 바꾸고 싶지 않을까요? 또 눈동자의 색을 갈색으로 만들고 싶다면? 검은색을 발현하는 유전자를 잘라내고 갈색을 발현하는 DNA를 끼워 넣으려고 할 것이라는 거죠. 외모, 성격, 지능 등을 개선하고 강화하기 위해 배아세포를 편집하려고 맹목적으로 달려들 수 있을 것입니다. 한편 경제력이 따라주지 못하는 부모들은 고칠 수 있는 유전 질병마저도 경제적인 이유 때문에 힘들어하겠지요.

선택받은 유전자를 돈으로 살 수 있다고?

최근 금수저, 은수저, 흙수저를 물고 태어났다는 말이 유행하고 있습니다. 어떤 부모에게서 태어났느냐에 따라 자신의 성공이 좌우된다는 의미이죠. 부모의 경제력이 자녀가 성공할 때까지 뒷받침해줄 수 있었을 때 금수저 혹은 은수저라고 합니다. 이는 돈을 잘 버는 유전자를 물려받았다는 의미는 아닙니다. 개인의 노력보다 부모의 경제력이 본인의 삶에 큰 영향을 준다고 생각하는 사고입니다. 부모도 자녀가 좀 더 쉬운 방법으로 돈을 벌기를 바랍니다.

크리스퍼 유전자 가위가 아무리 혁신적인 크리스퍼 기술이라고는 하나 아직까지는 배아세포에 적용하기에는 불완전합니다. 또한 편집된 배아를 여성에 자궁에 착상시켜 출산을 시도하기에는 법적으로 허용되지 않습니다. 하지만 만일 생식세포를 편집하는 것이 허용이 된다면 더 예상치 못한 격차가 벌어질 것입니다.

유전자 변형이 이루어진 배아는 후손 모두에게 변형한 유전자를 물려주므로 지속적인 불평등이 사라지지 않을 것입니다. 지금 사회도 불평등하고 빈부격차는 커지고 있는데 유전적 측면에서까지 계층이 구분된다고 하면 사회가 얼마나 암울할까요? 인간을 독특하게 만들고 사회를 강력하게 만드는 요소는 다양한 사람들의 다양한 개성으로 이루어진다는 것을 꼭 인식해야겠죠?

유전 질환을 극복하는 미래

또 달리 생각해볼까요? 인간의 유전 질환의 종류는 1만 가지가 넘고 신생아의 1퍼센트가 유전 질환을 갖고 태어나지요. 사람의 생식세포에 변이가 생기면 유전병이 되고 이는 다음 세대로 대물림됩니다. 자녀에게 유전병을 물려주는 부모의 고통이 상상이 되나요? 불편해하는 아이를 볼 때마다 죄책감에 시달릴 것입니다. 그럼 이를 극복할 방법은 없을까요? 대물림되지 않도록 하려면 배아세포를 편집하는 방법이 유일한 대안입니다. 이론적으로 가능하며 동물실험을 통해 성공했지요.

일부 사람에게 적용되어 성공한 사례도 있습니다. 빠르고 안전하게 연구가 진행되어 고통스런 유전질병이 빨리 해결되기를! 만일 생식세포를 편집해서 실시하는 유전자 치료의 안전성을 입증하려면, 그러한 시술을 받은 아이가 태어나 죽을 때까지 관찰해야 하는데 현실적으로 불가능합니다.

옥스퍼드 대학교의 철학자 줄리안 사불레쿠(Julian Savulescu)는 박쥐처럼 음파를 활용하는 능력, 매와 같은 시력, 강화된 기억력, 길어진 수명, 높은 아이큐 등을 인위적인 방식으로 인간이 가질 수 있으면 좋을 목록에 포함시켰습니다. 한편 현재 스탠포드대학교 생명공학 교수로 재직 중인 드류 앤디(Drew Endy)는 '만약 우리가 자신의 자손을 디자인함으로써 진화의 폭정으로부터 해방될 수 있다면 어떨까요?'라고 찬성하는 화두를 던졌습니다. 그는 자연 선택을 일종의 폭정으로 보았고, 이러한 굴레에서 벗어나게 해주는 공학자를 해방자로 인식하였습니다.

나의 미래는 크리스퍼와 어떻게 연결될까?

6장

1
크리스퍼 유전자 가위
기술의 원천 특허 소송

　2012년 5월 UC 버클리대의 제니퍼 다우드나 교수 연구팀은 크리스퍼 유전자 가위 관련 특허를 가장 먼저 미국 특허청에 출원했습니다. 같은 해 10월에는 김진수 전 서울대 교수가 대주주인 툴젠이 특허를 신청했고, 이어 장펑 교수가 있는 브로드연구소가 크리스퍼 유전자 가위 특허를 신청했어요. 하지만 미국 특허청은 가장 늦게 출원한 브로드연구소에게 특허를 가장 먼저 등록해주었습니다. 접수한 순서라면 다우드나와 샤르팡티에에게 특허권이 먼저 나와야 했지요. 하지만 브로드연구소는 '신속 심사'라는 제도를 이용하여 출원 신청을 했다고 해요. 신속 심사 제도는 우체국에서 실시하는 속달 우편처럼 우선적으로 심사를 실시하는 제도인데 브로드 연구소가 이 제도를 이용하여 특허권을 선점한 것이죠. UC 버클리대는 즉시 소송을 제기했지요. 하지만 미국 특허청 심판위원회와 연방항소법원은 2017~18년 브로드연구소의 손을 들어줬습니다. UC 버클리대의 특허는 2018년 말에 등록되었습니다. 툴젠의 유전자 가위 원천기술 특허는 해당 기술에 진보성이 없다며 특허 등록을 거절당했습니다. 하지만 툴젠은 유전자 가위의 기능을 개선해 유전자 교정의 정확도를 높이는 기술로 2020년 10월에 미국 특허 등록 허가 통지를 받았습니다.

크리스퍼 유전자 가위 기술은 하버드·MIT 공동연구팀인 브로드연구소, UC 버클리 연구팀과 툴젠이 원천 기술 특허를 놓고 '8년 전쟁'을 벌여왔던 셈입니다. 다우드나와 장펑이 크리스퍼 유전자 가위 특허를 놓고 서로 소송을 벌였던 가장 큰 이유는 원천 특허에 대한 사용료가 어마어마하기 때문에 벌이는 돈의 전쟁이었습니다. 원천 특허 기술은 막대한 경제적인 이익이 발생합니다. 원천 기술을 활용한 바이오테크놀로지 벤처 회사들이 세계적으로 많이 생겨났습니다. '바이오 골드러시'나 '바이오 대박 넝쿨'이라고 표현하기도 하더군요. 많은 자본이 바이오 벤처 회사들로 몰리고 주가는 연일 대박을 치기도 했습니다.

연구자들은 개인연구로 특허를 받으면 발 빠르게 사업체를 만들거나 사업과 연결시켰습니다. 물론 가장 큰 이유는 막대한 연구비를 지원받기 위해서입니다. 연구자들은 원천기술을 새로운 분야에 응용하여 우리의 삶에 이익을 가져다줍니다. 하지만, 공공의 이익에 봉사해야 하는 과학의 책임과 역할을 잊는 경우가 종종 있기 때문에 사회적으로 비난을 받기도 하죠. 과학적 발견의 공로를 한두 명의 과학자와 연구소에 귀속해 그들의 이익을 최대화하기 위한 치열한 경쟁은 아름답지 못합니다. 과학자들의 원천 소송이 순수한 연구를 위한 논쟁이나 소송이라면 더 좋은 연구를 위한 선의의 경쟁이지요.

개인의 연구는 보상받아야 하며 특허는 그 발명에 대한 공로를 일정 기간 독점적으로 인정해주기 때문에 발명에 들인 연구비용을 보상받고 또 다른 발명의 촉진제가 될 것입니다.

 **토론거리_13**

'유전자 가위 기술의 특허를 무료로 사용해야 한다'는 주장에 대해서 찬성이나 반대의 입장을 정하여 토론해봅시다.

2
나노기술과
크리스퍼의 만남

　현재 우리나라 학교 교육의 목적은 미래의 인재를 기르는 것입니다. 미래인재란 미래에 살아가기 위해 창의성과 과학, 인문학 그리고 인성이 함께 갖추어진 사람이 되도록 교육해야 함을 말합니다. 교육에서 신조어로 STEAM 교육이란 말도 있습니다. 과학(science) +기술(technology) +공학(engineering) +인문·예술(art) +수학(mathematics)의 머리글자를 합쳤지요. 미래에는 한 가지 학문으로 승부를 걸 수 없습니다. 다른 학문과 융합하여 삶에 영향을 주는 기술이 되어야 합니다.

　과학기술 또한 다른 기술의 도움 없이는 이루어낼 수 없어요. 예를 들어 친자확인이나 질병진단 등에 사용되는 유전자 판별기술은 PCR 기술이 있음으로써 신뢰할 수 있습니다. DNA의 양은 극히 적기 때문에 수백만 배로 증폭할 필요가 있습니다. 이때 등장하는 기술이 PCR(polymerase chain reaction, 중합효소 연쇄반응)입니다. DNA를 확인하는 기술은 고성능 현미경이 있어야 가능하지요.

최근에 각광을 받고 있는 나노기술과 바이오기술이 만나서 대단한 일을 수행하고 있습니다. 나노 입자는 세포 속을 드나들 수 있는 아주 작은 크기입니다. 이 나노 기술이 오묘한 생명의 세계인 바이오 기술과 융합하면 대단한 시너지 효과를 발휘할 수 있지요. 나노(nano)는 그리스어의 나노스(nanos, 난쟁이)에 그 어원을 둔 단어로 10^{-9}을 의미합니다. 나노미터는 그 크기가 너무 작아서 눈으로 가늠이 되지 않습니다. 밀리미터의 1,000분의 1이 마이크로미터(10^{-6}미터)이고, 또 그것의 1,000분의 1이 나노미터(10^{-9}미터)입니다. 즉 나노는 세포 속의 분자 크기 정도입니다.

나노기술의 힘을 빌리면 세포에서 일어나는 현상을 관찰할 수 있을 뿐만 아니라 나노입자의 성질과 DNA 염기서열의 특이적 결합 특성을 이용하면 색깔 변화만으로 특정 DNA를 쉽게 감지할 수 있습니다. 또 나노입자를 이용해 RNA나 유전자 가위를 세포 속에 넣어주는 기술이 연구되고 있어요. 아직은 나노입자에 실어 넣어준 가위는 주변 몇몇 세포에만 들어가는 등 전달효율이 떨어집니다.

고려대학교 배상수 교수는 "지금은 어쩔 수 없이 바이러스를 이용하고 있지만 미래에는 전달효율이 높은 나노입자를 활용해 RNA나 단백질을 전달하게 될 것"이라고 했습니다.

캘리포니아 대학의 연구진은 세포 속에 크리스퍼 유전자 편집 시스템을 전달해서 DNA 돌연변이를 효과적으로 치료하는데 금 나노입자를 사용했다고 발표했습니다. 이 새로운 기술로 크리스퍼 유전자 편집 구성 요소를 전달하는데 바이러스를 사용하지 않고, 다양한 유전 질환을 치료할 수 있는 새로운 길이 열렸어요.

3
인공지능(AI)과
크리스퍼의 만남

정확성이 담보되지 않았던 유전자 가위 기술은 인공지능(AI)으로 정확성을 더 높이고 있습니다. 방대한 인간의 유전체 및 해독된 생명체의 유전체는 모두 데이터베이스에 저장되어 있습니다. 여기에 진보하여 인공지능의 딥러닝 기술로 방대한 유전자 데이터 분석이 가능하답니다.

또한 AI 시스템은 크리스퍼 유전자 가위 기술에서도 실험실에서 만든 방대한 가이드 RNA를 딥러닝 합니다. 만일 특정 유전자의 교정이 필요하여 유전자 가위를 만들려고 한다면 AI가 유전자 교정효과가 높은 가이드 RNA를 순서대로 연구자에게 제시합니다. 가이드 RNA는 유전자를 자르고 교정하는 절단효소를 DNA

염기서열까지 옮기는 운반체이며 내비게이션이지요.

숙련된 연구자가 유전자 가위 1개를 만드는 데는 평균 3, 4일이 걸리며 제대로 작동하는지 검증하는 데는 1~2주일이 걸린다고 합니다. 또한 전 세계 연구실에서 만들어진 유전자 가위의 1/3은 아무 기능을 하지 못한다고 해요. 그래서 동식물 연구나 질병 치료가 목적인 특정 유전자 가위를 성공적으로 만들기 위해서는 수많은 실험을 반복해야 하고 연구비 또한 많이 든다고 합니다.

그런데 AI 시스템이 더 효율적으로 크리스퍼 유전자 가위를 활용할 수 있을 거라는 기대를 하고 있어요. AI 시스템은 표적 염기가 두 개 이상 있는 '점 돌연변이' 유전 질환의 편집 효과가 높고 염기 변이가 일어날 가능성도 적다고 합니다.

AI와 크리스퍼의 만남은 인간의 생명과 밀접한 영향력을 가지는 바이오 분야와 결합하여 헬스 케어 시장과 의약품 관련 영역에서 효율적으로 활용될 거라 기대합니다.

4
크리스퍼
연구자가 되려면…

유전자의 이해는 상상력을 발휘해야 합니다. 생물체의 존재감을 실어주는 유전자는 너무도 작아서 현미경으로 관찰해야 하는데 일상의 환경에서는 허락되지 않지요. 그래서 관념적으로 상상해야 하기 때문에 어렵습니다.

이쯤에서 DNA에 대해 더 궁금증이 생겨서 관련 서적을 읽어본다면 훌륭한 생명과학자가 될 수 있겠지요. 과학자의 가장 기본 자질은 호기심입니다. 실험실의 과학자들은 한 번의 유의미한 결과를 얻기 위해 수백 번 아니 수천 번의 실패를 거듭하기도 합니다. 실패를 연습하는 것 같은 자괴감에 빠질 정도일 거라 생각됩니다. 그러나 옥수수의 유전자에서 튀는 유전자를 발견한 바버라 매클린톡(Barbara McClintock)은 30년 이상을 실험실에서 현미경으로 유전자만 관찰했다고 합니다.

《랩 걸》을 쓴 식물학자 호프 자런(Hope Jahren)의 삶은 개척자처럼 느껴졌는데요. 그의 책에서는 기다림과 끈기로 버텨낸 연구자의 삶을 세밀하게 묘사하여 마치 모험소설을 읽는 것 같았지요. 작가에게 실험실은 단순한 연구 장소가 아닌 자신의 이름을 담은 '집'이며 보고서를 작성하고 관찰일기를 쓰는 인내의 장소입니다.

과학 분야에서 수천 번의 실험 끝에 이루어낸 결과물은 노벨상의 영광이 오기도 하지요. EU 연구혁신 총국장인 장 에릭 파케(Jean-Eric Paquet)는 "수상의 행운은 담대한 사람에게 따릅니다. 수년 동안 이들이 해 온 힘든 연구, 그 시간 동안 겪은 문제, 실패, 다시 일어나 노력한 시간들을 우리는 볼 수 없습니다. 그러한 과정을 거쳐 결국에는 이와 같은 일을 이룬 것입니다. 그 힘든 시간을 겪고도 위험한 일을 피하지 않고, 호기심을 가이드 삼아 계속 나아갔기에 얻은 결과입니다."라고 연설을 했습니다. 과학자가 되기 위해서는 실패에도 좌절하지 않고 호기심을 향해 나아가는 인내심이 필요하다는 의미이지요.

여기까지 읽었다면 생명과학에 많은 관심이 있을 것 같아요.

생물학은 모든 생명체와 그 생명체의 세포 및 유전자를 연구하는 학문입니다. 생물학을 다시 나누어보면 미생물학, 식물학, 동물학 등으로 구분되지요. 세포학이나 유전학, 분자생물학도 관련 학문입니다. 여기에 응용학문과 융합학문까지 살펴보면 더 많은 연구 분야가 있습니다. 모두 생물학에서 파생되어 실생활과 연결되어 응용됩니다.

생물학자가 되기 위해서는 실력도 중요하지만 가장 필요한 몇 가지 자질이 요구됩니다.

첫 번째는 생명 과학을 연구하기 위해서는 자기 주도적으로 학습을 설계하는 능력과 적극적인 실행 의지를 가지고 수행할 수 있어야 합니다. 생명 과학 분야는 자연계를 관찰하는 건 가능하지만 세포를 만들어낼 수는 없듯이 창작력이 필요하지 않습니다. 그러나 자기 스스로 학습을 계획하고 목표를 끝까지 수행하려는 의지가 있어야 합니다.

두 번째는 생명 현상과 원리에 대한 관심이 있고, 이를 이해하려는 호기심이 많아야 합니다. 예를 들어 우리가 먹는 음식이 어떻게 내 몸을 구성하는지 궁금증이 생겨야 합니다. 내 몸의 세포는 도대체 몇 개이며 몸은 어떻게 자라는지 궁금해서 공부하게 되어야 하는 거죠. 그런데 생명 현상에 대한 호기심이 없다면 공부와 연구를 해내기 어렵습니다.

세 번째로 유전공학, 의학, 약학 등 관련 학문에 대한 지식을 가지고 있다면 공부를 해내기 쉽습니다. 생명 과학은 유전공학과 연결되어 있습니다. 생명이 발현될 때 유전되는 형질에 따르기 때문입니다. 생명 과학의 응용 학문은 의생명 분야나 약학 분야와 연결되어 있으므로 기본적인 관심을 가지고 있어야 한다는 의미입니다.

네 번째는 장기간 동안 연구를 수행할 수 있는 체력과 끈기입니다. 생명 과학도는 실험실과 친해야 하고 실험 결과가 바로바로 정확히 나타나지 않지요. 수많은 실험 속에서 실패를 반복할 것이고 좌절감으로 힘들 수도 있을 것입니다. 이를 극복할 수 있는 끈기 있는 정신력과 체력이 필요합니다.

다섯 번째는 연구를 위한 인내심과 논리적 사고와 분석력, 문제해결력, 정확한 판단력 등 고차원적인 사고능력이 있어야 합니다. 실험은 과학적으로 분석되어야 하지요. 어떤 실험을 할 때 막무가내 계획 없이 실시하지는 않겠지요? 어떤 문제를 해결하기 위해 논리적으로 가설을 세우고 그 가설을 검증하기 위해 실험을 해서 실험 결과를 정확한 판단력으로 결론을 내려야 합니다.

마지막으로는 최첨단 실험 도구나 소프트웨어를 능숙하게 이용할 줄 알아야 합니다. 생명과학은 현미경이나 PCR 증폭기 등

첨단 장비를 이용합니다. 그 장비를 자유자재로 이용할 줄 알아야 하며, 데이터를 분석하는데 필요한 컴퓨터 소프트웨어도 잘 활용할 수 있어야 합니다.

대화의 수준을 끌어올리는 똑똑이 아이템 13

관련학과 탐색

생물학과

생물학과는 인간을 비롯한 지구상에 존재하는 모든 생명체의 생명 현상을 규명하고 나아가 세포학, 분류학, 발생학, 생리학 등을 기반으로 생명 현상을 탐구하며 그 원리에 대해서 자세히 공부하는 학과입니다. 분자 구조가 밝혀진 이래 현대의 생물학은 정보학, 시스템학, 인공 지능 등으로 그 융합 범위를 더욱 확장하고 있습니다. 또한 생물에 대한 기초 지식과 이론을 체계적으로 이해하고 자연 생태계와 생명 현상을 탐구하는 전문 인력을 기르는 학과이기도 합니다.

생물학과는 학문 간 융합 동향을 반영하여 다양한 생명과학 분야에 대한 창의적 연구 능력과 응용 능력을 배양하고 인재를 양성하는 것을 교육 목표로 하고 있으며, 21세기 생명과학을 주도할 전문 연구 인력과 미래 성장 동력인 바이오, 의약, 식품, 환경 등 관련 분야의 뛰어난 인재를 배출하고 있습니다.

미생물학과

미생물학은 지구상의 모든 환경에 존재하는 세균, 균류, 조류, 원생동물, 바이러스 등의 미생물을 발굴하여 분류하고, 미생물 내에서 일어나는 생명 현상의 본질을 탐구하며, 인체와 동식물 및 미생물 간의 상호 작용, 생태계에서 미생물의 역할, 첨단 생명 공학 산업에의 응용을 추구하는 생명과학입니다.

미생물학과에서는 국내외 산업체, 학계, 연구소, 관공서 등의 현장에서 필요로 하는 우수 현장 전문 인력을 양성하기 위하여 미생물을 대상으로 면역학, 진균학, 바이러스학, 생화학, 분자생물학, 생태학 등 생명 현상의 진리를 밝혀내기 위한 기초 이론과 접근 방법에 대한 원리를 교육합니다. 또한 여러 가지 최신 실험 실습 강의를 통해 생명 현상의 원리를 탐구할 수 있는 기본 연구 능력을 함양하도록 공부합니다.

분자생물학과

분자생물학은 신비한 생명 현상과 생명의 본질을 분자 수준에서 규명하는 학문으로, 20세기 후반 급속한 진보를 이룩한 이래 기초 생명과학뿐만 아니라 의·약학, 농림·수산, 식품 등의 응용 분야에도 광범위한 파급 효과를 나타내고 있습니다. 또한, 암, 에이즈 등과 같은 난치병, 유전병, 환경오염, 식량 및 에너지 문제 등 인류가 당면한 난제에 대해서도 분자생물학적인 접근은 문제 해결의 실마리가 될 수 있으므로 분자생물학은 제3의 산업 혁명을 이룰 잠재성을 갖춘 첨단 기초 학문으로 평가받고 있습니다.

분자생물학과에서는 바이러스부터 미생물, 식물, 동물에 이르기까지 산업적으로 이용할 수 있는 생체 물질을 인식하고 이를 조절하거나 변환시켜, 식품, 의약품, 임상 진단과 같은 분야에 응용할 수 있는 가능성과 방법을 모색합니다. 또한 생물학 분야의 기본적인 이론과 실험적 기술을 습득한 전문 인력의 양성을 교육 목표로 합니다.

생명나노공학과

생명나노공학은 생명 현상과 관련된 기초적인 사실과 개념의 심도 있는 교육과, 인류가 현재 직면하고 있는 많은 과학적, 사회적 문제를 해결할 수 있는 지식 생명 공학 기술과 나노 공학 기술이 융합된 유일한 공학 학문입니다. 새로운 개념의 질병 진단 및 치료 기술을 연구하고 개발하는 분야이기도 합니다. 현대 공학과 과학은 기존의 학문 영역을 유연하게 넘나들고 있으며, 이러한 기술 간의 융합은 선진국형 학문과 산업의 빠른 성장을 보여줍니다.

생명나노공학과는 빠르게 변화하고 있는 시대적 상황에서 생명공학과 나노공학의 실용 지식을 갖춘 유능한 공학도와 차세대 성장 동력 산업을 이끌 인재의 양성을 교육 목표로 합니다. 더하여 고분자, 나노 소재 공학을 기본으로 한 부품, 소재, 의용생체공학, 신재생 에너지 등의 다양한 분야에서 자신의 소질, 취향, 능력에 따라 국제 표준화 시대에 적응할 수 있는 능력을 갖춘 인재의 양성에도 초점을 맞추고 있습니다.

유전공학과

유전공학은 다양한 생명 현상에 대한 기본적인 지식과 유전공학적 첨단 기술을 습득하여 유전자, 단백질 등 다양한 생체 내의 유용 물질 및 세포의 기능을 알아내고 그 활용 기술을 개발하는 학문으로, 21세기 국내외 산업을 이끌 핵심 전공이기도 합니다.

유전공학의 목적은 점차 심화될 식량 및 환경 문제를 해결하고 인간의 삶을 질적, 양적으로 향상시키는 것입니다. 따라서 유전공학과는 유전자 재조합 기술과 유전자 산물로 생산을 위한 기본 지식을 연구 개발하는 데 중점을 두고 있으며, 다양한 생체 물질과 세포의 기능 및 산업적 활용에 관한 전문적인 교육과 실험을 통해 21세기 생명공학 분야를 선도해 나갈 글로벌 유전 공학자를 육성하고자 합니다.

줄기세포재생공학과

21세기는 생명공학(Biotechnology: BT)의 시대입니다. 생명공학 미래의 중심에는 줄기세포 및 재생 생물, 재생의학이 있습니다. 줄기세포재생공학과는 미래 지향적 첨단 생명공학 특성화 교육 및 연구를 위해 탄생한 학과로, 줄기세포, 재생 의약 분야, 인공 장기, 생명정보학, 조직공학 등 미래 생명공학 분야의 발전을 이끌어 가기 위해 만들어졌습니다.

줄기세포재생공학과에서는 학생들이 줄기세포와 재생의학 및 다양한 생명공학 분야의 전문가로 성장하는 방법을 터득할 수 있도록 세포생물학, 의생명 공학, 미생물학, 생리학, 면역학, 생물 의약품학 등 전통 생명과학 과목을 기초로 하여, 줄기세포생물학, 재생생명과학, 인체약리학, 노화생물학, 의생명정보학, 줄기세포연구종합설계, 재생의학, 연구종합

설계 등의 특성화 교과목을 교육합니다. 도한 전공기초 실험, 줄기세포·재생생명과학실험, 의생명과학실험 등 다양한 실험을 배울 수 있는 기회를 제공하며, 동물 생명과학 기존 교육 프로그램과 재생생물학·줄기세포 응용 프로그램을 중심으로 생명 산업 전반의 흐름에 발맞추기 위해 노력하고 있습니다. 또한 줄기세포재생공학과는 인간적인 덕성을 고루 갖춘 인재를 배출함으로써, 국민 건강과 직결되어 있는 재생의학 등 여러 분야의 발전에 이바지하고 있습니다.

참고문헌

《유전자 이야기》, 다케우치 가오루·마루야마 아쓰지(2018), 김소영 옮김, 더숲

《환경을 부탁해》, 안재정·조성화·김희경·김찬국·권혜선(2017). 꿈결

《영화 속의 바이오테크놀로지》, 박태현(2015), 글램북스

《크리스퍼가 온다》, 제니퍼 다우드나·새뮤얼 스턴버그(2018), 김보은 옮김, 프시케의숲

《크리스퍼 유전자가위》, 전방욱(2017), 이상북스

《채식 대 육식》, 메러디스 세일스 휴스(2017), 김효정 옮김, 다른

《크리스퍼 베이비》, 전방욱(2019), 이상북스

《바이오 대박넝쿨》, 허원(2016), 부크온

《바이오 아트》, 신승철(2016), 미진사

《생명공학과 바이오 산업》, 김승욱(2016), 고려대학교출판문화원

《게놈 익스프레스》, 조진호(2016), 위즈덤하우스

《생명의 느낌》, 이블린 폭스 켈러(2001), 김재희 옮김, 양문

《크리스퍼》, 김홍표(2017), 동아시아

《한국의 먹거리와 농업》, 김홍주 외(2015), 따비

《유전자는 우리를 어디까지 결정할 수 있나》, 스티븐 하이네(2018), 이가영 옮김, 시그마북스

《10대와 통하는 생물학 이야기》, 이상수(2019), 철수와영희

《완벽에 대한 반론》, 마이클 샌델(2016), 이수경 옮김, 와이즈베리

《생명윤리와 법의 이해》, 박수헌(2020), 유원북스

《정크 DNA》, 네사 캐리(2018), 이충호 옮김, 해나무

《유전자 임팩트》, 케빈 데이비스(2021), 제효영 옮김, 브론스테인

10대 이슈톡_02

크리스퍼 유전자 가위는 축복의 도구일까?

초판 1쇄 발행 2021년 11월 5일 **초판 2쇄 발행** 2023년 4월 25일

지은이 김정미 양혁준
펴낸곳 글라이더 **펴낸이** 박정화
편집 한나래 **디자인** 김유진 **마케팅** 임호

등록 2012년 3월 28일 (제2012-000066호)
주소 경기도 고양시 덕양구 화중로 130번길 14(아성프라자)
전화 070)4685-5799 **팩스** 0303)0949-5799
전자우편 gliderbooks@hanmail.net **블로그** https://blog.naver.com/gliderbook/
ISBN 979-11-7041-089-8 43470

이 도서는 한국출판문화산업진흥원의 '2021년 출판콘텐츠 창작 지원 사업'의 일환으로
국민체육진흥기금을 지원받아 제작되었습니다.

글라이더는 독자 여러분의 참신한 아이디어와 원고를 설레는 마음으로 기다리고 있습니다.
gliderbooks@hanmail.net 으로 기획의도와 개요를 보내 주세요. 꿈은 이루어집니다.